AF461738

RÉFLEXIONS

SUR

L'AGRICULTURE

PAR

CAMILLE ROUZÉ.

Celui qui fait produire à un terrain une gerbe de blé de plus, rend aux hommes un plus grand service que celui qui leur donne un livre.

BERNARDIN DE SAINT-PIERRE.

TOUL

IMPRIMERIE DE Vᵉ BASTIEN, RUE MICHATEL, 35.

1849

TOUL, IMPRIMERIE DE Ve BASTIEN, RUE MICHATEL, 35.

RÉFLEXIONS

SUR

L'AGRICULTURE

Après la liberté qui suit les pas du savant, qui lui permet de changer de pays, de patrie, sans laisser à ses envieux d'autres dépouilles que le plaisir de nuire et la honte de leur impuissance ; aucun sort n'est plus indépendant que celui du cultivateur propriétaire, surtout, s'il s'élève au-dessus des passions, des besoins, qui rendent l'homme esclave des institutions et des préjugés. Soit qu'il naisse dans une monarchie, soit qu'il vive dans une république, il n'admet qu'un souverain légitime, c'est Dieu ; un maître, c'est son travail ; une bienfaitrice, c'est la nature. Sans s'insinuer dans les cours pour saisir avec des mains avides la livrée de la servitude, ses vertus ne sont pas moins utiles que modestes. Père d'une famille active, protecteur d'un nombreux domestique qui reçoit la subsistance de son industrie, toutes ses heures sont marquées par des bienfaits, surtout, si à l'âme juste, élevée, il joint la prudence, la persévérance, les lumières qui doivent animer, diriger ses récompenses et ses travaux. Le luxe, la vanité, la recherche ne sauraient occuper plus d'ouvriers et ne sauraient comme lui les rendre incessamment productifs, outre qu'il emploie les femmes jusqu'à la vieillesse*, les enfants, dès l'âge le plus tendre ; car, la terre qui rend non seulement en rapport à son étendue, mais plutôt des soins avec lesquels on la cultive, acquiert sous l'œil de l'intelligence une fécondité surprenante, qui permet d'entretenir une foule de gens, qui ne sont à charge ni au maître qui les rétribue, ni à la paresse qui engendre la misère et les vices.

En disant que le cultivateur est libre, je ne veux pas insinuer qu'il n'ait aucun engagement à remplir envers le corps politique : nul n'a plus d'intérêt au maintien des lois, de la sûreté nationale ; nul ne craint plus les factions qui aboutissent à la tyrannie ; aussi, n'ai-je voulu parler que de cette liberté individuelle qui, forte de ses moyens d'existence, s'isolant par son utilité, n'attend d'aucune classe des retours que la terre lui fournit et qui le dispensent de ramper.

Je distingue, il est vrai, le cultivateur du colon partiaire, de cet homme, qui, dès le soleil, affaissant toute sa force corporelle sur un outil souvent rebelle, déchire

* Cependant à la campagne, comme dans les villes, une mère nourrit douze enfants, douze enfants suffisent à peine pour nourrir leur vieille mère ; la proportion est :: 1 : 144.

plutôt qu'il n'ouvre un sillon pénible dans une terre épuisée par vingt récoltes de céréales. Son attelage impuissant quoique nombreux, haletant sous la maigreur, dépasse avec une lenteur pénible cette terre sans cohésion, sans force végétative et qui reproduit à regret la semence confiée. Le manque de pâturages influe sur le travail de ses chétifs animaux; ceux-ci, à leur tour, influent encore davantage sur les récoltes. Au dehors tout proclame l'épuisement; au dedans, tout respire la parcimonie* et la misère. Le colon lui-même, accoutumé dès son enfance aux plus dures privations, végète plutôt qu'il ne vit sur cette terre ingrate, et qui devrait au moins le nourrir, pour prix de ses sueurs. Cumulant jusqu'à la vieillesse les travaux du laboureur, du moissonneur, du faucheur, du batteur en grange, il est mille fois plus à plaindre que le journalier qu'il reçoit pour l'aider dans ses travaux les plus pénibles. N'offrant que peu de garanties, on ne lui prête qu'au taux de l'avarice ou de la crainte. Ses animaux, achetés à long crédit, coûtent moitié plus, outre qu'ils sont de la dernière valeur. Son pain est d'orge ou de méteil, sa nourriture, du porc frais ou salé, son vin, rude et fier, quelquefois insalubre, souvent réduit au-dessous du nécessaire. L'habitude d'un travail grossier passe dans son langage, dans ses manières. La crainte anticipée de ses engagements forcés le rend craintif et servile; sa prévoyance affaissée n'analyse, ne perfectionne ses instruments ni ses travaux. Victime de la routine, des préjugés, son intelligence ne s'étend ni ne s'échauffe, son âme demeure continuellement rétrécie, son cœur seul est souvent bon, serviable et généreux.

Mais le colon reçoit-il l'échange de sa commisération

* Permis au cultivateur d'être économe de toutes choses pourvu que : *non stramenta desunt.*

aux souffrances d'autrui ? A peine possède-t-il ses denrées, qu'un propriétaire lui demande avec la voix du pouvoir, la moitié de ses récoltes. Les différents ouvriers, le fisc, les maquignons pressent à leur tour. La hauteur des herbes au printemps favorisait l'abondance, mais le sol exténué n'a pu fournir de nouveaux aliments, et depuis, de maigres épis ont trahi sa faiblesse. Le colon accablé de soucis et de crainte, ne pouvant se reprendre ni sur ses économies, ni sur le produit de ses animaux, ni sur leur valeur puisqu'ils sont hideux et décharnés, n'a bientôt pour inspirer la pitié, que ses cheveux blanchis, ses enfants, sa misère et ses larmes.

La ruine du colon prépare celle de la ferme ; quelquefois, celle de propriétaires trop avides : voici quelques réflexions dans l'intérêt de ces derniers. — Enveloppez le nom de colon des modifications si communes dans les baux à ferme ; le mal n'existera pas dans la dénomination mais dans la réalité du fait. Levez la moitié des gerbes dès la moisson ; prenez le blé à la grange ; recevez un rendage annuel en nature pour votre commodité, pour une plus grande valeur intrinsèque, vous livrez le tenancier à la culture exclusive des céréales, vous condamnez son industrie à languir dans les entraves, vous affamez votre propriété par le mode le plus affreux qu'ait jamais suivi la barbarie de vos pères ; enfin, vous marquez la perte d'une famille pauvre et laborieuse à la première année où les produits venant à manquer, l'on se plaindra de la cherté des vivres.

Je ne crains pas d'être démenti par nos descendants : que deux localités soumises à la même température, reposant sur un sol également pierreux, graveleux, sablonneux ou calcaire, dominées par la même pression atmosphérique, coupées d'une quantité presque égale de bois, de coteaux ou de marais, adoptent, l'une, le payement en argent, l'autre, le rendage en nature, et, vous trouverez, dès les limites, la démarcation brusque d'une bonne et d'une mauvaise agriculture.

Le dédain que l'on affecte avec les gens de la campagne, l'impôt qui frappe la terre avant qu'elle ait produit ses récoltes ont aussi plusieurs résultats désastreux. En effet, vous commettez une injustice que le bon sens réprouve. Possesseur d'une ou de plusieurs fermes, le marchand s'étudie à saisir le sourire de l'homme de cour pour décider le choix capricieux de la grisette : son fermier, à la même heure, debout, silencieux, impassible, ne mesure pas lui-même, il laisse mesurer son blé. Lequel, aux yeux de la raison, paraît le plus méprisable ou ridicule ? L'un est presque toujours assez stupide pour ignorer les travaux qu'exige la fabrication des tissus qu'il vend ; l'autre suit, connaît tous les progrès de sa production ; l'un s'enrichit souvent en raison de sa mauvaise foi ; l'autre ne soutient sa famille qu'en faisant preuve d'une activité remarquable ; l'un s'occupe de frivolités éphémères, l'autre, tient au bien-être même de la nation ; et puis, de quel droit mépriser un homme laborieux, un père de famille vigilant et probe, un ami que vous ne dédaigneriez pas d'implorer dans le malheur s'il venait à vous poursuivre ! Condamnez-vous sa rusticité ? mais telle fut aussi celle de vos pères. Sa mise simple et négligée ? mais elle couvre peut-être la force et la santé. La timidité de son esprit ? Je conviens qu'il se tait sur ce qu'il ignore. Son travail excessif, sa frugalité, sa simplicité, sa probité même ? ah ! rougissez de ne pas respecter des vertus.

Le citadin paie le mépris au prix de la haine ; le villageois se laisse quelquefois avilir s'il présume que son infériorité est réelle. En morale, l'homme n'est susceptible de vertus qu'autant qu'il lui reste la conviction tacite de sa dignité; et cette croyance, précieux acquêt de la position sociale, vous la lui ôtez, vous la lui faites perdre!

Favori d'un despote, daignez abaisser vos regards sublimes sur cet esclave qui cultive vos terres délaissées; combien il emploie d'audace et de vigueur pour franchir avec son attelage impatient cette descente escarpée ! Combien il montre ensuite de patience et de dextérité pour retenir le soc émoussé de la charrue dans une terre durcie aux rayons d'un soleil inflexible! Remarquez la simplicité de son repas si frugal après de si longs, de si pénibles travaux; comme il essuie à plusieurs reprises son front bruni par la poussière et la sueur! Parcourez ses actions, sa figure, sa démarche, toutes les parties de son corps ; voyez si celui que le dieu des croyans fit si semblable au puissant maître que vous adorez, est si peu digne de vos égards ou si digne de vos mépris.

Mais ce n'est pas sous le joug de l'ignorance et de la tyrannie, que je veux interroger une industrie méconnue et, dont quelques souvenirs épars, attestent seuls de nos jours l'antique existence. Dans ces pays malheureux, où la propriété ne connaît ni droit, ni privilége, où le travail amène l'oppression, où les économies ne sont jamais étayées contre la violence d'une soldatesque effrénée, où la fortune où la vie des hommes dépendent plutôt du caprice que de la volonté d'un despote, pourrait-il exister une culture profitable ou raisonnée? Les pays où la possession est durable, où il n'existe que peu ou point d'impôts, comme en Suisse, devraient même être les seuls admirablement cultivés; mais, outre que le besoin stimule l'industrie, il est des localités qui nécessitent des dépenses excessives dans l'intérêt de la nation. La Hollande nous montre ses digues impératives quoique ruineuses, et la conviction cède à l'évidence. La France également ne saurait subsister sans impôts ; mais leurs produits moins oppressifs, moins spoliés, devraient être plus légalement répartis. S'il est admis que la répartition doit frapper les individus sous des modes nombreux de recette, afin de prévenir et d'atteindre quelque part la mauvaise foi de l'égoïsme, l'impôt territorial, présente l'avantage de s'appuyer sur une chose réelle et durable. Le mal est que l'on frappe à plusieurs reprises sur le même objet, et même, sur les produits, avant qu'ils soient obtenus. Est-il rien de plus odieux que ce mode de recette si l'on peut obtenir d'ailleurs des sécurités valables ?

Que dirai-je des impôts sur le sel, qui influe sur la santé des animaux et sur celle de l'homme ? Sur le tabac, qui porte le coup le plus direct à notre agriculture par une prohibition locale ; sur les portes et fenêtres que l'on devrait favoriser, au lieu de les restreindre, puisqu'elles ont sur la vie une influence incontestée ; de l'impôt sur les personnes, qui avilit l'homme, au point de l'assimiler à la brute domestique ? Me dira-t-on que le tabac n'est pas chose nécessaire ; je ne veux pas discuter ce point, mais l'habitant des marais répondra ; je condamne seulement un mode de recette qui paralyse l'industrie. Combien de terres d'un rapport aujourd'hui nul ou médiocre, que cette culture pourrait visiblement améliorer ? L'impôt, perçu sur le nombre d'ares n'existerait pas moins et rendrait à l'industrie une partie des moyens qu'on lui ôte *. Il en est de même pour le sel. En réduisant

* L'on comprend facilement que je ne parle pas ici des tabacs de luxe ;

son prix à 20 cent. le kil., son usage agricole double, triple peut-être, améliorerait les races de nos chevaux, de nos bœufs, de nos moutons, et priverait nos voisins de ces importations onéreuses, qui sont la perte de nos troupeaux, et, si lors, le gouvernement voulait en surveiller la fabrication pour ne pas laisser mêler au sel des matières hétérogènes, qui se plaindrait d'une mesure que l'on pourrait considérer comme paternelle et louable ?

J'ai dit que le besoin éveille l'industrie ; rien de plus véritable. Une ferme mal louée, sera présumablement mal cultivée ; mais la nature toute féconde, n'est pas inépuisable. Il est un terme où sa prodigalité s'arrête, où l'homme devient impuissant. Ce terme est d'autant plus variable, plus rapproché, qu'il est soumis aux qualités du sol, aux influences des localités, des saisons, de leur température, au fléau des gelées tardives, des sécheresses, de la grêle, et que le fisc inexorable, un maître désireux de jouir, ne tiennent compte, ni des pertes qui affligent l'activité, ni du manque des récoltes. Il est juste qu'une terre soit louée relativement à ses produits ordinaires, mais un fermier doit pouvoir s'enrichir de son industrie ; cette industrie est à lui, c'est le prix de son instruction, de ses labeurs. Dès que le tenancier connait que ses efforts sont et demeureront impuissants, le découragement se répand sur son âme, il cesse de s'efforcer, il n'en a plus même la volonté. Ces bornes que je viens de montrer doivent être celles du fisc et des propriétaires, puisque ce sont celles de la nature. Vouloir les déplacer est injuste, vouloir les anéantir est folie.

Supposons que l'agriculture cesse une seule année

d'ailleurs l'Algérie et nos Colonies devraient nous fournir ces tabacs, tous ces tabacs de luxe. Pourquoi gracieusement nous appauvrir, lors que nous sommes riches, très-riches même de notre propre fonds ?

d'interroger la fécondité du sol. A la place des chants qui soulagent et prolongent le travail de la veillée, de la douce incurie qui peuple les villes de soins et de discours frivoles, paraît l'inquiétude et la cherté anticipée des denrées. Les rondes des campagnes désertées avant la nuit par une jeunesse folâtre; les concerts harmonieux du luxe vides d'émotions et de plaisir, présupposent une partie des maux qui ne doivent pas tarder à se montrer. La richesse accumule; la médiocrité retranche, la pauvreté n'agit plus, tant elle paraît frappée de stupeur. La voix du besoin ne tarde pas à se faire entendre. Les classes pauvres se nourrissent d'aliments grossiers, insalubres, ou disputent leur pâture aux animaux. Bientôt, la médiocrité éprouve les privations de la misère, tandis que la crainte, qui n'a plus d'asile chez le malheur, gagne le palais du riche dont elle monte avec précipitation les degrés. Les villes sont tristes et solitaires, les campagnes sont hideuses et dénudées; de tous côtés, errent des hommes affaiblis, qui, les yeux creux, fixement attachés à la terre, semblent lui reprocher de ne pas finir leur existence, pour calmer la faim qui les dévore.

L'agriculture est donc le premier, le plus utile de tous les arts. Non seulement l'existence humaine ne se soutient qu'à l'aide de ses produits, mais celle des races futures croît avec succès. Quelle comparaison établir entre deux pays habités, l'un, par une nation agricole, l'autre, par un peuple nomade ! Entre le département du nord, où 270 lieues carrées nourrissent, outre l'exportation, plus de 1,100,000 habitants, et la grande Tartarie, qui sur 70,000 lieues carrées, substantie à regret six fois ce nombre. Quelle énorme différence ! et que les souverains qui laissent subsister cet état de choses sont coupables aux yeux de l'éternel et de la raison. Cependant ils n'ont qu'à dire aux hommes de naître, à la terre de produire.

La marche toujours croissante de la population de la France depuis 1789 en donne la preuve irrécusable. Douze millions d'habitants, des moissons plus que suffisantes pour nourrir avec aisance ce surcroît de population sont une conquête dont peut se glorifier la patrie. Si je cherche les causes de ce bienfait, je les trouve dans la chute des droits féodaux ennemis de toute amélioration agricole; dans l'aisance insensiblement répandue parmi les différentes classes de la société; dans la suppression d'une foule de monastères surabondants; dans les portes et fenêtres, qui, chaque jour élargies, multipliées, laissent circuler l'air si nécessaire à la prolongation de la vie; enfin, dans l'introduction de plantes utiles, nutritives, améliorantes, longtemps inconnues ou reléguées dans les confins de quelques localités. En effet, sitôt que l'homme comprend qu'il est libre, que le prix de son travail lui revient en entier, il s'arme d'une activité que ne peut lui prêter la résignation à tout état précaire. La propreté fait disparaître quelques affections héréditaires, et la plupart des maladies cutanées; une nourriture mieux ordonnée combat les dyssenteries, du 8me au 15me siècles si communes et si meurtrières; les femmes livrées à des travaux plus appropriés à leur sexe, cessent de porter, de soulever des fardeaux pendant leur grossesse, et de mettre au monde des enfants voués à la mort avant que de naître. Le raisonnement comprend que les plantes, ayant été primitivement incultes, l'expérience étendra le rayon de ses conquêtes, en parcourant de nouveau le cercle des productions de la nature. Dès lors, le commerce et les arts s'enrichissent de valeurs longtemps inappréciées; la population voit croître avec sécurité ses descendants au milieu d'une subsistance assurée; et la terre, autrefois exclusivement occupée par les grains, trouve le repos et la fécondité dans la variété des récoltes : alors, une foule de bras et de capitaux s'utilisent à la campagne, et, ces paroles d'une législation amie du genre humain *crescite et procreamini* « vivez et procréez » sont revêtues de faits et de vérité.

Moïse par ces mots : *fuit Abel pastor ovium, et Caïn agricola*, assigne dans la Genèse l'antiquité la plus reculée à l'Agriculture, en la plaçant à quelques pas du berceau de l'homme; mais, dans une contrée où la fertilité prévient le besoin, l'art se réduit à sillonner légèrement la surface du sol, et à confier à la terre, dont on choisit l'exposition et l'étendue, quelques graînes, qui, produisant des récoltes abondantes, viennent se courber comme d'elles-mêmes sous la faux du moissonneur. L'antique Médie nous offre cette fécondité surprenante. En Egypte, nous trouvons dans les débordements réguliers du Nil, les grains destinés à nourrir les habitants de ces villes antiques si nombreuses, et qui paraissent exagérées, jusqu'au moment où le calcul se replie de nouveau sur la réflexion *. A peine si les moissons les plus complètes, exigent les soins les plus légers; outre qu'ici l'abondance et la disette, qui se succèdent presque sans interruption, dépendent plutôt des effets physiques que de la prudence ou du travail des hommes. Ainsi, quoique les récoltes fussent dignes d'admiration, l'art restait dans l'enfance, et, ce n'est que chez ses colonies répandues sur des terres moins favorisées, que les observations se perfectionnèrent, et que l'art prit un accroissement rapide.

Si la Grèce n'a pas été le berceau des arts, elle les a du

* L'Egypte était alors huit fois plus peuplée qu'elle ne l'est de nos jours.

moins mis en lumière; elle nous en a du moins transmis le souvenir dans ses chefs-d'œuvre. La poésie n'a pas craint d'associer le langage des Dieux aux occupations champêtres, et si l'Attique, avait été susceptible d'une culture étendue et variée, peut-être les noms des agronomes remarquables auraient-ils traversé les siècles pour réclamer la reconnaissance de la postérité. Il est rare cependant que des peuples guerriers chérissent l'agriculture, qui se rapproche davantage des affections sociales et des occupations sédentaires; c'est ce que prouve Lacédémone qui, riche de courage et de vertus, afflige encore de nos jours les annales de l'humanité, qu'elle contraignit avec ses Ilotes à se courber vers la terre. Cependant, si les travaux de la campagne endurcissent le corps contre l'intempérie de l'air et des saisons, contre la faim, la soif; gardons-nous de croire qu'ils inspirent la barbarie : c'est ce que prouvent, par une exception heureuse, ces consuls, ces dictateurs Romains, qui, après avoir soumis des peuples nombreux, rétabli la tranquillité nationale, pacifié la plus grande partie du globe, reprenaient la charrue énorgueillie avec des mains triomphantes.

A Rome l'agriculture était vénérée, la peine de mort était même prononcée contre celui qui profanait le temple de Cérès. Plusieurs fêtes étaient consacrées au culte des divinités champêtres; Pan, Flore, Pomone, avaient des autels, les champs étaient sous la protection de la divinité, et les bornes d'un héritage ne se plaçaient qu'après avoir invoqué le dieu Terme. Au milieu de superstitions renaissantes, d'une corruption fatale, d'un luxe effréné, nous sourions avec justice au récit des croyances de l'idolâtrie; mais d'un autre côté, nous ne comprenons plus cette bonne foi, cette simplicité de mœurs, dont nous chercherions vainement de nos jours les vestiges; cependant les vainqueurs des Samniens, de Pyrrhus, de Carthage trois fois indomptée, n'étaient ni moins puissants, ni moins courageux que nos modernes héros; les Fabius, les Scipion, les Camille, les Régulus ne sortaient ni d'un sang moins généreux, ni de familles moins illustrées; cependant après avoir imposé des lois souveraines aux peuples conquis, joui des honneurs du triomphe, descendu avec majesté au milieu des acclamations de la multitude les marches du temple de Jupiter, ils attelaient leurs bœufs et reprenaient leurs travaux. La culture exclut même les vices de la corruption et de la barbarie, car, dans tous les temps, dans tous les lieux, les dévastateurs de la terre, les oppresseurs de l'humanité, qui, semblables à la flamme dévorante, ont étendu leurs rapides conquêtes en ne laissant derrière eux que des débris sanglants et des ruines gémissantes, sont des peuples nomades, qui, sans mœurs, sans police, sans arts, sans lois, sans agriculture, sont sortis de temps à autre de leurs tentes ou de leurs tanières pour effrayer ou punir l'univers.

Toutefois si les Romains ont fait peu de progrès en Agriculture, c'est que dépouillant les vaincus d'une partie de leurs possessions, ils ajoutaient continuellement au domaine de la nation, et que les terres conquises répondant à leurs besoins, ils préféraient une moisson facile sur une plus grande étendue, qu'une même récolte sur quelques parcelles à force d'engrais et de travaux. Aussi Virgile paraît-il faire l'éloge des jachères; mais, sous le ciel bienfaisant de l'Italie, la jachère n'est pas une année totalement improductive; deux, trois ensemencements peuvent se suivre sans interruption entre l'équinoxe de printemps et le solstice d'hiver. Aussi distingue-t-on chez elle, encore de nos jours, dans plusieurs localités, la jachère d'été, la jachère d'hiver, qui ne laissent que six mois de repos à la terre, pour ouvrir de nouveaux germes à la fécondité.

Depuis Jules César et Pompée, les guerres civiles, ayant donné l'habitude et la sécurité du brigandage, l'amour du travail déclina chez les vainqueurs de l'univers. L'Agriculture fut délaissée ainsi que la simplicité des mœurs et la vertu. L'audace, le luxe, la vanité, les concussions, la rapine, écrivirent les décrets des proconsuls et s'assirent au tribunal du prêteur. Le peuple quitta ses travaux champêtres, pour assister aux combats de gladiateurs ou de bêtes féroces. Tandis que l'amphithéâtre éclatait des cris perçants d'une populace enivrée, la Sicile, la Barbarie, l'Egypte, la Syrie demeuraient chargées de fournir du pain à ces conquérants avilis. Le Sénat, l'ordre des chevaliers partageaient cet abaissement effroyable. Les colonies étaient opprimées, les alliés spoliés, les vaincus soumis à des impôts qui souvent dépassaient leurs facultés et leurs forces. De vastes domaines se convertirent en jardins, en étangs ; les vases, les statues, les meubles précieux furent recherchés, achetés à un prix excessif, plutôt par la vanité que par le goût ; l'inutilité des dépenses en faisait souvent tout le prix ; la mer elle-même reçut des entraves. La profusion usitée aux repas révoltait la nature et la raison. Bientôt, la prodigalité renonça aux jouissances de la recherche. Les vices débordèrent, la profanation étendit ses ravages, la luxure attaqua les refuges de la satiété; les crimes, se disputant le pouvoir, les trésors, les victimes, remplirent de désordre et d'effroi les pages ensanglantées de l'histoire.

Cet état subsista longtemps mais il ne pouvait durer.

Les Vandales, les Goths, les Germains, attaquèrent l'Empire et n'y trouvèrent que les débris d'une ancienne valeur mêlée à l'abattement de la corruption. Avec eux s'élevèrent l'ignorance, les préjugés, le fanatisme, et ces donjons fortifiés, où la cloche de l'oppression, sonnait le travail et le repos de la servitude. L'esprit monacal qui, ne pouvant commander par les armes n'éprouvait pas moins le désir de la domination, voulut retenir par la persuasion ce qu'il ne pouvait subjuguer par la force. Le peu de littérature qui existait encore s'était réfugié chez ces hommes livrés à la méditation, à la solitude; ils s'en aidèrent pour obtenir des concessions de l'État, du souverain et des seigneurs; et, comme ils résidaient sur leurs possessions, leurs yeux fixés sur ce qui pouvait les rendre productives, abattirent des forêts, convertirent des marais en étangs, en riches pâturages, plantèrent des vignes dans des lieux qui jouissaient d'une exposition ou d'un terroir favorables. Bientôt riches et puissants ils se firent redouter de ceux dont ils avaient imploré l'assistance : leurs églises, lançant la foudre de l'excommunication devinrent un refuge contre l'oppression du serf, qui, trouvait près des autels, l'ombre d'une indépendance, des vêtements, la nourriture et du travail. Le christianisme joignit ce bienfait à celui qui naguère faisait supprimer l'esclavage.

Leurs possessions s'étant ensuite continuellement agrandies, concédèrent pour un rendage annuel en nature, ces terres que l'industrie avait défrichées : quelques seigneurs imitèrent cet exemple, et l'usage s'est depuis lors conservé, quoiqu'il ait été primitivement établi par la rareté des monnaies.

Quatre choses ont changé progressivement la face de

l'univers : les découvertes d'outre-mer, la poudre à canon, l'imprimerie, auxquelles nous devons ajouter aujourd'hui, la vapeur utilisée. L'agriculture profita de l'impulsion donnée à toutes les branches de l'industrie par la connaissance d'un nouveau monde, et, si le fléau de la guerre désola plusieurs fois les récoltes, du moins elles virent l'Asie et l'Amérique retenir dans leur sein une partie des ravages qui sans cela auraient exclusivement pesé sur l'Europe; enfin le baume des connaissances répandues par l'imprimerie vint cicatriser les plaies faites à ses travaux. Dès que les lumières se généralisèrent les souverains et leurs ministres comprirent que les peuples éloignés ne resteraient désormais dans l'obéissance qu'autant que l'on s'appliquerait à les rendre plus libres ou plus heureux. La Suisse, la Hollande ayant montré l'exemple de l'indignation, l'Autriche traita avec plus de ménagement et de douceur, les belles plaines de l'Alsace et de la Flandre; aussi ces deux contrées sont-elles de nos jours admirablement cultivées, et couvertes d'une population, que j'oserais croire surabondante, si je n'avais trouvé chez elles, l'amour du travail, la franchise du caractère, l'aisance et la gaîté.

Parlons maintenant de l'Angleterre qui, s'isolant de tous les peuples du globe par sa position physique et sa constitution, ne doit pas seulement sa richesse à sa situation maritime, à son commerce, mais qui la doit également à son agriculture. Le morcellement des propriétés n'y est pas infini comme en France, où quelquefois un dixième d'arpent devient l'héritage de toute une famille. Cette fureur d'acquérir des parcelles rurales, ne réduit pas aussi souvent chez elle, un vieillard à la misère et des enfants à l'abandon. La plupart des propriétés, sont grandes, bien bâties, entourées d'arbres, de haies et de fossés.

Les fermes sont d'une propreté remarquable, les routes superbes. L'aspect de la campagne a quelque chose de grave, de majestueux et d'imposant. Des moissons magnifiques, des prairies admirables; de larges fleuves qui reçoivent, chaque jour, les vaisseaux et les trésors de l'univers. Jamais dans le même lieu, ce contraste effrayant du luxe et du besoin. La pauvreté existe, existe très profondément même, mais elle ne se fait pas voir. Les animaux semblent partager cet air d'opulence et de santé qui devient le type de la nation. L'Angleterre est moins surprenante que la Hollande, moins riante que le Palatinat, moins sublime que l'Helvétie, mais elle offre des beautés d'un ordre supérieur et qu'on ne retrouve ensuite nulle part. De grands capitaux sont employés à faire valoir les terres. Quelques fermiers font sur le bien d'autrui des avances que n'oseraient supputer nos riches propriétaires, et le résultat en est presque constamment heureux, parce qu'ils balancent dès le début l'entreprise et leurs capitaux, qu'ils ne font pas les choses à demi, et, qu'ils ne se découragent ensuite, ni par la longueur du temps nécessaire, ni par les difficultés. Ajoutons que l'Angleterre jouit d'un climat éminemment favorable aux prairies, d'où amélioration graduelle des terres, outre qu'elle étend ses plantations, tandis que nous dévastons nos haies, nos clôtures, et que nous anéantissons chaque jour nos forêts.

A la Restauration (1815), la France, tenant d'une main l'olivier de la paix, s'était endormie sur le trophée de ses conquêtes. La carrière des armes, fermée aux regards infatigables de l'ambition, condamnait au repos ces hommes qui, des différentes classes de la nation, s'étaient élevés par leur courage, leur ancienneté, leurs talents aux commandements supérieurs. La noblesse avait perdu ses prérogatives, mais il lui restait la souvenance de sa dignité; elle conservait ces dehors heureux, cette affabilité de manières que peut seule donner une indépendance soutenue et qui, suivant l'homme jusques sur le sein du malheur, semble ne devoir l'abandonner qu'à la mort. Il était naturel qu'un trône relevé comme par miracle s'entourât d'agréments, de reconnaissance et de souvenirs. Ce conflit de services et d'espérances, de travaux et de prétentions, peupla insensiblement nos campagnes d'hommes plus ou moins recommandables, instruits ou vertueux. Une opulence trop légèrement dissipée sur les promesses d'un avenir inconstant; une parcimonie, une prudence, instruites à l'école des privations tourna les regards des propriétaires anciens et récents vers le positif des produits; les uns, s'étant démis de quelques préjugés; les autres, reconnaissant l'inutilité des efforts. En même temps une jeunesse active et studieuse se précipitait vers les connaissances et les arts; et, si la fièvre des distinctions pénétrait chez les classes les moins opulentes; le corps de la nation gagnait du moins en découvertes, ce que les individus y perdaient de calme et de repos. L'Agriculture prit cette fois une marche analogue aux progrès de la raison; mais que d'erreurs à connaître encore, que de préjugés à combattre!

Ce détestable usage des jachères, étendu sur une grande partie de la France, révolte à la fois la nature et la raison. Quoi! vous voulez contraindre une partie de la terre à rester inactive au retour du printemps, lorsque la roche stérile se couvre elle-même de quelque verdure? Vous vous efforcez, par de longs et de pénibles travaux, à répandre une torpeur factice sur des champs qui devraient s'énorgueillir sans relâche, d'une épaisse verdure, de riches récoltes. Vous n'épargnez ni temps, ni façons, ni dépense, ni sueurs, pour que la nudité de la mort se déploie pendant une saison ensuite sur vos campagnes ! O mortel doué de raison, quel usage fais-tu de tes lumières? En vain une foule de voix s'élèvent pour m'imposer silence, seul contre le genre humain s'il le faut, je défendrai avec les armes du raisonnement, du travail et de l'expérience, la bonté divine qui commande sans relâche à la terre de produire. Après avoir visité l'Angleterre, la Belgique, la Hollande, les bords du Rhin, la Suisse, m'être efforcé par degrés à supporter les travaux les plus pénibles, ceux auxquels je me trouvais le moins appelé, j'irai, j'irai s'il le faut sur le terrain le plus ingrat, le plus pauvre, montrer que cette théorie n'est pas le fruit d'une imagination exaltée, et que des faits inébranlables peuvent rester victorieux de l'insouciance, des clameurs, de la routine et des préjugés.

Certes, si vous demandez à la plupart des coteaux pierreux, incultes, de vous produire dès l'abord des céréales, ils répondront à vos stupides efforts par un silence obstiné; mais si vous étudiez quelque temps la marche de la fécondité terrestre, l'atténuation progressive des molécules soumises à l'action alternative de la gelée et des rayons solaires; si vous rompez avant l'hiver ces gazons spongieux; si vous employez la chaux dans les parties marécageuses, froides, humides; la cendre de bois, de tourbe, sur des terrains primitifs, élevés, sur un sol siliceux; si vous percez le tuf pour obtenir une terre forte, une marne plus ou moins savonneuse, de l'alumine, de la craie, de la tourbe; si vous simplifiez, si vous perfectionnez la culture; si vous adoptez avec discernement des plantes, des fourrages que la nature produit et que la culture perfectionne sur des terrains semblables, certes, vous obtiendrez des résultats qui, lents à la vérité, surpasseront enfin votre attente, et le pays énorgueilli de posséder des citoyens utiles, vous devra la louange, en récompense de vos bienfaits.

Je fais une application au sol très ingrat, mais quand je me retrace la nudité triennale de quelques cantons de la Picardie, de l'Artois, d'une partie de la Normandie, de toutes ces terres si fertiles; de l'Orléanais, de la Champagne, de la Lorraine, de la Franche-Comté où les améliorations sont si nombreuses et quelquefois si faciles, je m'indigne d'établir une comparaison entre la culture de ces pays et celle d'une partie de l'Alsace, de la Flandre où, depuis plusieurs siècles, une population croissante, reçoit une subsistance assurée; c'est-à-dire depuis le règne de Charles V, et de la domination Autrichienne; car, si je demande au gouvernement Français, quelle protection lucide il a voué à l'agriculture, quelles améliorations il a encouragées, quelles distinctions il a établies pour les défrichements crus impossibles, un silence dédaigneux sera sa réponse; et cependant, cette population si économe, si active, si utile des campagnes se trouve écrasée de désastres, de corvées, de vexations et d'impôts ! Ajoutons que si le commerce, si les arts, si les manufactures éprouvent des pertes, des charges semblables, ils ont du moins la faculté de restreindre, de modifier leurs entreprises; mais en agriculture, tout doit être chargé de récoltes, tout même doit l'être dans un temps prescrit, sinon, le cultivateur se ruine et la disette ne tarde pas à suivre.

La nation possède des colléges, des écoles primaires, normales, polytechnique, d'application; pourquoi n'aurait-elle pas des écoles pratiques d'agriculture? L'art qui nourrit les hommes, ne doit-il occuper le gouvernement qu'à l'instant où la faim déchaîne la révolte? La théorie serait-elle inutile à la pratique, ou la dépense d'établissement effraierait-elle le fisc? L'amélioration d'une seule ferme par département porterait d'ailleurs sur plus de 14,000 hectares, outre que les déboursés reposeraient sur la meilleure des garanties, la propriété foncière. Ces établissements s'ouvriraient à tous ceux qui voudraient s'y présenter à leurs frais, munis des pièces nécessaires à leur admission, et offriraient l'avantage de fertiliser des terres aujourd'hui connues pour être improductives ou stériles. Ce n'est pas tout, les élèves, sous l'influence de l'ordre, de l'économie, du travail, auquel indistinctement tous devraient se soumettre, aideraient ensuite la pratique des lumières de la théorie; non de cette théorie éphémère, qui naît, s'extasie et meurt dans l'obscurité du cabinet, mais de celle dont l'expérience aurait démontré le succès. L'application serait ici l'écueil, mais l'amour propre des directeurs, sagement excité, fait préjuger de la réussite.

Enfin une considération qui recommande encore l'établissement de ces écoles, c'est qu'elles pourraient occuper, nourrir, loger, vêtir, instruire sans aucuns frais pour l'État, quelque partie de ces malheureux enfants orphelins, que la pauvreté, le crime, l'indifférence abandonnent à la commisération de la société, et qui, trop souvent, arrivent à l'adolescence sans vocation, sans état, sans moralité, sans travail et sans pain.

Peu d'hommes, tout en admirant un beau champ de froment, connaissent, non les travaux, mais les principales préparations utiles à sa récolte; le cultivateur routinier ne les connaît même qu'imparfaitement ; cependant en France, plus qu'en aucun pays du globe, ce grain fournit un aliment indispensable à 35,000,000 d'âmes, et fait jusqu'à ce jour, la base presque exclusive de la nourriture des habitants.

Le cultivateur d'un pays à jachères voit son père labourer, semer et récolter du blé ; bientôt il sème, il récolte de ce grain une étendue déterminée : voilà tout. Mais dans tel pays, à l'aide de moyens rationnels contrôlés par l'expérience, sur un sol de fertilité inférieure ou semblable, on obtient, avec moins de semences et de cultures, une quantité bien supérieure. Qu'en résulte-t-il évidemment ? Gain pour le fermier, amélioration de la propriété, avantage pour la nation, bien-être présent et futur de la population et des propriétaires. Il n'est pas difficile de saisir, si l'on doit ce progrès à la théorie ou bien à la seule pratique.

L'emploi des bœufs à la charrue offre, dans une foule de localités, de grands avantages. Un fermier routinier, des garçons paresseux, consentiront-ils à se servir de pareils attelages, à moins qu'un théoricien éclairé ne leur en apporte l'exemple, et ne prouve que cette amélioration bien conduite peut quelquefois acquitter les fermages ?

Une charrue mal établie emploie ordinairement 6 ou 8 bêtes de trait qui retournent chaque jour moins de 50 ares de terre. Est-ce le théoricien ou le simple cultivateur qui tentera les essais dispendieux d'un modèle calculé sur les difficultés éventuelles, la ténacité locale, l'impulsion graduée et les résistances ? Combien y a-t-il d'hommes, même en France, qui voyant un bûcheron manier sa hache acérée, comprennent tout ce que cet outil, d'un usage si journalier, peut offrir de perfectionnements calculés et successifs à la main de l'homme? La pratique, empressée de jouir, se résoudra-t-elle à faire une série d'expériences comparatives ? Le seul bon sens ira-t-il sans regret, sans données, sans le secours puissant des voyages, couvrir de colzat, de navets, de choux, de vesces, de fèves, de pommes-de-terre binées, le champ de la routine ou du paresseux ? Non, jamais. Cependant, un fermier qui paie son propriétaire d'après leurs conventions, en conservant annuellement quelques économies, un père de famille sage et prudent, ont-ils tort? Certainement non ; et, tant que vous ne lui aurez pas démontré que votre mode de culture est meilleur, il fera sagement de ne pas se rendre aux conseils, et de préférer un gain fixe, quoique modique, à quelque perte rapide et souvent irréparable.

Un grand mal peut même résulter pour la nation d'un changement brusque en agriculture. C'est donc au théoricien à faire quelques pas dans la science, en soumettant ses essais aux épreuves de la pratique, en tenant un compte impartial de la recette, de la dépense; en constatant l'état de sa terre au moment du semis, en annotant l'influence de la saison plus ou moins favorable, car la nature fait plus que l'homme, surtout, si elle est aidée par une atmosphère humide et chaude, c'est-à-dire chargée de beaucoup de fluide électrique, qui, donne à toute végétation une activité remarquable.

Toute amélioration, même partielle, doit donc commencer sous la tutelle de la théorie, et les fermiers, n'entreprendront avec raison, que ce qu'ils auront vu faire et réussir. Comment supposer même que ces coûteuses améliorations de grandes propriétés, puissent jamais entrer dans les efforts d'un tenancier ordinaire ?

Admettons deux fermes situées, l'une sur un sol sec, sablonneux ou calcaire, aride ; l'autre, composée de terres marécageuses, humides. Un propriétaire intelligent entreprend l'amélioration ; et, dans le premier cas, laboure à plat sa propriété, la purge des mauvaises herbes, sème du sainfoin, de la pinprenelle, de la lupuline, quelques navets, plante une partie en tubercules, sème du sarrazin pour enfouir, et fait l'avance d'un capital assez considérable pour récolter fort peu de chose pendant les deux premières années. A la troisième, ses produits, à l'aide de quelques champs de trèfle, des cendres et du gypse, s'améliorent; mais il lui faut de nouvelles avances pour acquérir un bétail proportionnel. Aux 4e, 5e et 6e années, l'amélioration devient sensible et vers la 7e ou 8e seulement, il rompt régulièrement ses pâturages, pour connaître l'utilité et recevoir la récompense de ses travaux.

L'amélioration d'une ferme en marais est plus tôt sensible, mais elle est infiniment coûteuse. Il est rare de trouver dans un sol pareil, de la pierre propre à bâtir, à faire de la chaux, à remplir les tranchées indispensables. Ici, l'œil de l'intelligence crée des commodités, en ménageant les dangers et la dépense. On n'a pas le choix de l'inclinaison du terrain, qui cependant doit offrir, soit naturellement soit artificiellement quelque pente; et la ferme, construite tant pour la santé de l'homme que des animaux, désigne aussi l'endroit le plus élevé. La clôture partielle et totale devient indispensable. Les fossés doivent être larges, multipliés selon les eaux et la pente ; ils doivent être bordés de haies solides, impénétrables, quoique d'un bois susceptible d'offrir en même temps quelque rapport. Ici le gérant doit avoir une connaissance parfaite du bétail et des maladies locales qui l'affligent ; enfin, des plantations appropriées doivent attendre lentement les générations futures. Quel simple fermier possède autant d'argent, de connaissances et de générosité? Convenons dès à présent que la théorie est utile ; elle serait même facilement appréciée, si le gouvernement accordait quelques récompenses, ne fussent-elles qu'honorifiques, aux améliorations constatées et reconnues utiles. Je ne puis comprendre qu'un homme qui a doté la nation, d'une production supplémentaire annuelle de 25000 kilogrammes en blé, viande de boucherie, suif, cuirs, laines, etc., soit moins utile à la nation que celui qui trouve le moyen d'imprimer des étoffes de luxe ou de fantaisie par un nouveau procédé. Cependant l'un sera bientôt surchargé d'impôts; tandis que l'autre engloutira peut-être leurs produits en récompenses.

Nous envions la perfection des machines, la finesse, la régularité des tissus, le poli de l'acier de la Grande-Bretagne; et jamais, jamais nous ne portons nos regards jaloux sur sa savante, sur son admirable agriculture. Cependant nous nous effrayons, nous pâlissons au seul mot de famine; enveloppés de soins et de discours frivoles, nous ne pouvons nous résoudre à consolider l'existence de 35,000,000 de bouches, dont la neuvième partie s'ouvre avec les cris du besoin.

Jusqu'ici les défrichements ont été réguliers et nombreux, mais si l'on ne trouve des charbons fossiles abondants dans plusieurs localités, il faudra bien qu'ils s'arrêtent. Leurs produits en céréales n'iront pas en croissant, vous le savez, vous tous qui n'êtes pas étrangers à la science. Que deviendra dans quelques siècles cette population régulièrement, annuellement, progressivement augmentée? Quittera-t-elle ses pénates et ses foyers? Saisirat-elle l'émigration avec reconnaissance? Non, non, que le gouvernement éclaire, protège la classe la plus utile de la nation ; qu'il favorise dans les années d'abondance la conservation de quelque partie des grains, non dans ces vastes magasins élevés à grands frais et somptueusement ridicules, mais par des moyens simples, économiques, et que notre âge peut indiquer, en attendant que d'autres les perfectionnent : je me répète, que le gouvernement favorise au lieu de négliger, d'opprimer l'agriculture, et 48,000,000 * d'hectares en produit, sagement exploités, fourniront la subsistance à 50,000,000 de Français.

Si j'avançais, dès à présent, que dans quelques localités, la consommation que fait le cheval est double, quelquefois triple en étendue, à celle de l'homme ; on ne me croirait probablement pas, et cependant, j'aurais dit une vérité. Jamais, je n'ai rencontré des chevaux, des bœufs, des moutons, des laines venant d'Allemagne sans éprouver un sentiment pénible ; jamais je n'ai traversé la Sologne, ni la Champagne, sans qu'une larme pleine d'amertume et d'indignation n'ait roulé de mes yeux. Ce n'est pas tout. Combien de millions d'arbres devraient ombrager les routes, le bord des rivières et quelques chemins vicinaux ; combien de chevaux, qui, après avoir pendant trois années cultivé les terres, pourraient à l'âge de 7 ans, au lieu de 5, compléter les remontes, dans toute la force de l'âge et des fatigues ; combien de troupeaux de bêtes à laine qui devraient paître les sainfoins, la pinprenelle, la lupuline, sur nos coteaux en com-

* En produit.... tout ce qui peut aider à loger, à nourrir, à vêtir l'homme. Un seul exemple : pourquoi le département de l'Ain n'a-t-il pas les poissons des lacs de la Suisse, etc Ils n'y réussiraient pas ! Où sont les essais? Il y a encore là toute une science à créer.

munes si arides, et qui ne sont pas encore créés? D'un autre côté, combien de terrains clos, d'un sol excellent, envahis en pure fantaisie par un luxe révoltant et stérile ; de routes, de places publiques privées d'ombrage et de verdure; de bétail qui, par son organisation vicieuse, chétive, est, demeure improductif, s'il ne constitue même en perte son propriétaire, fait qui se rencontre journellement sous nos yeux !

On dit, que l'on doit espérer des améliorations, puisque l'instruction se répand dans les campagnes ; mais cette instruction est-elle appropriée, a-t-elle même quelque trait à la culture? Je connais plusieurs fermiers, très-aisés, qui ne rêvent instruction, que pour faire de leurs fils des commis de bureau, des commerçants, des médecins, des avocats! Oh ! si ces pères de famille, mieux éclairés, pouvaient comprendre toute l'utilité, je dirai même toute la dignité de leur profession, si libre, si positivement indépendante, combien ils rougiraient de voir leurs enfants se dégrader en quelque manière, pour renoncer au plus utile de tous les arts, et souvent, consommer en peu de mois, le patrimoine de plusieurs générations économes, au milieu du tourbillon de l'oubli, ou sur le théâtre du ridicule! Malheur! malheur à ceux qui, revêtus du pouvoir, déchaînent ainsi les passions, le luxe et la misère sa compagne assidue, sur toute l'étendue d'un territoire sillonné d'une population nombreuse. On craint les révolutions, mais on les prépare; la famine, mais on la fait naître! L'ambitieux veut des places, le militaire de la renommée, le commerçant de l'argent; au milieu de chutes nombreuses, de dégoûts prolongés qui se rongent le sein dans l'obscurité du silence, quelques élévations seules fixent les regards avides de cette masse d'individus, séduits aux dépens de la probité, du calme et du bonheur. Certes la nature n'a pas appelé le citadin plus que l'habitant des campagnes à produire ces hommes supérieurs qui, de loin en loin, s'ouvrent le temple de l'illustration, pour marcher sur l'admiration des siècles ; mais, disons-le sans regret, ces hommes, ces hommes privilégiés apportent dès leur naissance, une organisation supérieure, qui suffit presque toujours pour les élever et les conduire.

Celui qui possesseur de grands biens, n'est en agriculture guidé que par l'amour désintéressé du bien public, la voix de l'humanité, trouve largement à ses plaisirs ; celui qui veut éclairer sa raison, se créer un nom plein d'utilité, peut également se satisfaire. En effet, quelle masse de connaissances doit posséder celui qui veut améliorer la culture même locale des terres? Outre un style flexible et clair, qui ne s'obtient que par des études, une méditation profonde, il doit faire preuve d'un travail, d'une résignation parfois héroïque, sa vie étant quelquefois en danger au milieu de marais insalubres ou d'émanations délétères. Ses bras, exercés aux travaux du praticien ordinaire, doivent acquérir par dégrés, une légèreté d'exécution, que celui-ci ne voit, ne peut saisir. Outre des connaissances mathématiques indispensables, il ne doit pas rester étranger à la chimie, à la physique, à la géologie, à la botanique, à la physiologie végétale, à l'histoire naturelle, enfin à l'art de guérir les animaux. Possesseur d'un œil actif et pénétrant, il doit s'aider de lumières philosophiques, et, chose bien difficile, faire oublier les distractions d'un penseur, sous les dehors simples, probes, économes d'un fermier.

Arrêtons-nous près des connaissances utiles ou nécessaires à tout agriculteur. Leur étendue, si rarement appréciée, effraiera tout esprit sage, instruit ou raisonnable.

L'administration rurale, le choix, la position d'une ferme; les variétés, les modifications du sol; le produit, l'utilité des récoltes; le choix des plantes appropriées à la nature, aux progrès de l'exploitation; la connaissance des animaux et de leurs maladies; l'assolement le plus utile et profitable; les clauses de baux, le code rural, composent un corps de doctrine dont il serait facile de suivre les éléments et les progrès, si je n'en étais dispensé dans de simples réflexions sur l'agriculture.

On me dit, je crois, que depuis 5000 ans on cultive sans tout cela, j'en conviens; mais d'autres temps, d'autres besoins, et je demande à mon tour, combien le globe possède de pays admirablement cultivés? Ce n'est pas chez des peuples éloignés, que je cherche la preuve de notre ignorance; quiconque franchit la montagne de Saverne, dépasse la ville d'Orléans, visite Orchies et Valenciennes, sait que la France possède une mine de richesses agricoles, qu'elle dédaigne ou néglige d'exploiter.

Cependant il serait injuste de faire au cultivateur si actif, si économe, un reproche qui ne doit frapper que l'ignorance du cercle où il vit. L'influence de plusieurs causes accidentelles doivent même encore longtemps l'y retenir. Dans tout pays où le pain de froment est la nourriture presque exclusive du peuple, ce grain devient dans les campagnes représentatif du numéraire, et, les autres productions du sol, lui restent rigoureusement subordonnées. Le cultivateur, fait donc tous ses efforts, pour obtenir un prompt retour de cette seule denrée, et jamais ne se pénètre de cet axiome; que le moyen d'obtenir de belles récoltes de blé, est moins d'en semer une grande étendue, que d'y bien préparer la terre. J'affirme, d'après Arthur Young, que les récoltes de froment, peuvent sur la même étendue de terrain, dans plusieurs localités, être doubles et les grains de mars triples de ce qu'ils sont aujourd'hui. Il ne faut pour obtenir ce résultat, que supprimer l'année de jachère, la remplacer par des prairies artificielles appropriées au sol que l'on occupe, ne pas faire suivre le froment par l'avoine, mais intercaler une récolte de vesces, de pois, de raves, de fèves, de pommes de terre, fortement amendée, et nourrir, engraisser par ce moyen, un troupeau supplémentaire de vaches, de bœufs ou de bêtes à laine.

Je n'ai jamais compris l'indifférence apparente ou réelle de quelques fermiers pour tout ce qui est étranger à la production immédiate des céréales. Peut-être le débit prompt, facile de cette denrée, en est-elle la vraie cause. L'habitude, le seul usage peuvent s'y lier également; mais alors rien de plus fautif que leur pensée, car, tout fermier, doit trouver plus d'utilité de toucher une somme d'argent, pour prix du bétail élevé sur sa ferme, que de la recevoir cette même somme, pour prix de ses grains de mars; puisque le premier mode bonifie son exploitation, et que l'autre, l'épuise au point de nécessiter, selon quelques agronomes, un entier repos. Serait-ce la propreté des champs? Mais je soutiens, qu'après un trèfle vigoureux fauché deux fois, la terre est aussi exempte, plus exempte même de mauvaises herbes qu'après une jachère. Le capital rural manquant à l'amour-propre, dans un temps où l'on a la folie de vivre bien plus pour l'apparence et les dehors que pour soi, pourrait occuper une place plus méritée, car, les grains semés, récoltés, dépouillés, sont livrés au consommateur dans l'espace d'une seule année, tandis que trois et même quatre ans sont nécessaires, pour attendre le croît progressif et seul profitable de la plupart des animaux; or le fermier n'a pas toujours, il a même rarement la faculté d'attendre ce fruit tardif de son capital, de ses labeurs : aussi, me garderai-je bien de lui proposer de suivre un plan semblable, quoi que évidemment le plus productif, sans une marche régulière et progressive, balancée entre ses besoins journaliers et une réussite évidente.

Arrêtons-nous de nouveau. Le vice radical de notre agriculture c'est de maintenir les jachères, de créer trop peu d'engrais et d'employer à la culture un nombre de chevaux effrayant. J'ai discuté le premier point; je vais prouver l'autre*. A-t-on compris, outre le prix d'achat, les pertes qu'occasionnent ces intelligents mais coûteux animaux? Leur gestation qui atteint presque une année, demande des ménagements et quelque surcroît de nourriture; leur enfance longue, coûteuse, ne se soumet aux privations qu'avec une perte de taille et de vigueur, leur tempéramment s'use promptement et se trouve ensuite exposé à une foule de maladies longues, dangereuses, quelquefois contagieuses (comme le farcin, la morve) et toutes finissant à la voirie, où l'on n'obtient qu'une chétive dépouille. Dans l'assolement triennal rigoureux, un tiers des terres nourrit l'homme, un tiers les chevaux et le troisième reste improductif; ajoutez-y encore une portion de prairie : donc le cheval consomme, en étendue, plus que l'homme.

Voici une amélioration qui sera difficilement goûtée,

* Il y a une autre manière d'élever des chevaux et d'en tirer un bon parti. On achète des poulains âgés de deux ans; à trois, on leur fait labourer les terres; à cinq ans on les vend tous, et le bénéfice qu'on en retire est souvent considérable. Le labour n'use pas les jambes du cheval, et, pendant ce travail, son caractère se forme. Il est inutile d'ajouter que les chemins de fer modifieront, chez nous, l'éducation du cheval; mais nos chemins de fer, nos canaux! ils auront sauté comme les grenouilles. C'est en effet le seul moyen de dépenser beaucoup et d'avancer très-peu.

mais dont je puis affirmer le résultat. Cent hectares d'une terre calcaire-alumineuse, en labour, exigent trois charrues continuellement au travail. Supposons quatre animaux de trait pour chacune d'elles (et il n'y a pas dans l'univers un seul champ qu'on ne puisse rompre et façonner avec un pareil attelage) six forts chevaux et huit bœufs expédiront la besogne; encore y aura-t-il deux animaux de relais pour la herse, le rouleau, le shim, les charrois, la lassitude et les maladies. Il faudra de plus, si le fermier ne veut s'exposer aux tromperies des maquignons, 8 poulains 14 bouvillons, en tout 36 animaux. Il lui reste encore suffisamment de fourrages pour entretenir un certain nombre de vaches et 200 moutons. Tous les fermiers ont 26 à 30 chevaux sur une pareille exploitation; aussi, quoique le train du labourage, l'état des harnais, laissent souvent à désirer; le maréchal, le charron, le bourrelier ont-ils de longs mémoires, et la sole des avoines, offre-t-elle peu d'excédant pour la vente; outre que les pertes d'animaux se faisant continuellement sentir, retiennent ces fermiers dans une gêne, à laquelle viennent rarement obvier la réussite de quelques récoltes et le haut prix des denrées.

Si l'on ne veut des chevaux chétifs et maigres; il leur faut pendant tout l'hyver de bonne paille, du foin, et quelque faible ration d'avoine. Les bœufs, pendant toute cette saison, ne consomment que de la paille et quelques racines, dont la valeur représentée d'ailleurs par les fumiers, est si peu de chose, qu'on ne les porte aux comptes d'une exploitation raisonnée, que pour mémoire. Ces bœufs, ne doivent être que rapidement pansés, étrillés; ils n'ont pas de ferrure, souvent, leur harnais coûte peu, et, s'ils présentent quelques chances de non réussite pendant leur existence, leur vieillesse que l'on doit toujours devancer, offre du bénéfice, outre que la nation en retire un avantage évident, un surcroît de numéraire, de nourriture et de prospérité.

Pour dresser et conduire les bœufs, il faut de la patience dans le début, mais en peu de jours, ils s'habituent ensuite à tirer au collier comme les chevaux, à marcher, à tourner, à s'arrêter au pas et à la voix de l'homme; ils ont beaucoup de tenue à l'ouvrage, prennent leur nourriture en peu de temps, et ne s'amollissent que par les grandes chaleurs; lors seulement, il faut les atteler dès trois heures du matin, et ne les reprendre qu'à la même heure le soir, pour les tenir jusqu'à la nuit. Ce désagrement ne les empêche pas de cultiver 25 ares de terre par attelée, à moins que les champs ne soient extrêmement courts, distants les uns des autres, ou d'une ténacité peu commune. Ils ouvrent même un sillon plus correct, mieux versé, parce qu'ils ne se sauvent pas sous le fouet et qu'ils ne donnent pas de saccades. Dans les défrichements montagneux, dans les sols pierreux, peu fertiles, ils sont d'une utilité remarquable. Aujourd'hui que tous les animaux sont forts chers; on peut acheter pour 20 ou 25 Napoléons, une paire de bœufs, en chair, de quatre ans, et qui, engraissés, pèseront de 8 à 900 kilogrammes. Un seul cheval de 9 à 10 pouces, sain, jeune et vigoureux, coûtera le même prix, sera plus d'un an pour se faire au travail, et, ne présentera ensuite à son maître, qu'une perte progressive annuelle. Parvenus à la vieillesse, les deux bœufs à l'engrais, approcheront d'une valeur de 1000 f., tandis que le cheval, à cet âge, laissera si peu de ressource, qu'à tout prix ou pour rien il faut s'en défaire. Supputez maintenant ce que les 2 bœufs et le cheval auront fait d'ouvrage? De quel côté se trouve l'économie, la dépense? Joignez-y les soins, les harnais, la ferrure, l'entretien, enfin l'intérêt à 6 p. %, taux que doit compter un fermier, s'il veut faire face à ses frais, aux épizooties, etc., et vous serez non-seulement surpris, mais stupéfaits du résultat.

Il serait ridicule sans doute, que dans un pays aussi florissant que la France, il n'y eût que peu de chevaux, et même de races belles et vigoureuses; la guerre, les fermes, le roulage, les postes, ne peuvent se passer d'un certain nombre de ces animaux, aussi voilà pourquoi j'admets 8 poulains et 14 élèves de bêtes à cornes sur chaque centaine d'hectares.

Un motif qui pourrait faire rejeter les bœufs, c'est qu'en France le morcellement progressif des propriétés, déplaçant continuellement le conducteur, les animaux et la charrue; ils doivent à chaque instant traverser plusieurs champs pour arriver à ceux de la ferme, et même faire quelquefois d'assez longs circuits; or les bœufs, se prêtent plus difficilement que les chevaux à ce manège. Mais ce morcellement est aussi un défaut de notre agriculture. Supposez les bâtiments d'une ferme dans un village au lieu d'être situés au milieu de ses terres, comme toutes devraient l'être dans un pays de bonne culture; quelle perte de temps n'en résulte-t-il pas pour le cultivateur? ses gens sont improductivement déplacés et fatigués deux fois par jour; ses animaux, ses harnais, ses instruments s'usent: il n'y a pas seulement perte de travail, mais d'engrais, de semence, d'exactitude. Ses récoltes sont plus souvent pendant la rentrée exposées à la pluie, et leur transport partiel exige un surcroît de dépense et de perte réelle. Si j'élevais tout cela au cinquième du produit total net, je paraîtrais exagérer, et cependant je crois que cette estimation est encore au-dessous de la vérité.

Des fermiers assez négligents pour ne pas faire attention à ce grand désavantage, ne le seront pas moins pour proportionner l'étendue des terres qu'ils prendront à loyer, au fonds qu'ils y pourront placer, quoiqu'ils nuiront ici d'abord, à leurs semblables en empêchant d'autres ménages de s'établir, ensuite, en ne faisant pas produire à la terre tout ce qu'elle devrait rapporter. Ils prendront même continuellement, sans relâche des terres à bail, en laisseront peut-être reposer quelque partie inculte et le tiers du reste en jachères pour (à ce qu'ils vous répondront) servir de pacage aux moutons ou purger le sol des mauvaises herbes. Ils chercheront seulement s'il y a beaucoup ou peu de prairies naturelles, et si la rente est peu de chose. Aveuglement stupide, usage de barbares et qui révolte tout homme raisonnable, qui, ayant abandonné quelque temps le foyer de la routine, le clocher de l'habitude, visita quelques contrées ou l'agriculture est comprise dans ses développements et depuis ses principes.

O vous! qui composez la classe la plus nombreuse, la plus active, la plus utile d'une nation, élevez-vous enfin à la hauteur réelle de votre état. Comprenez que ces villes populeuses attendent de vos travaux leur subsistance ou la famine; que ces manufactures ne s'alimentent et ne se maintiennent souvent qu'à l'aide de votre industrie première et créatrice; que presque tout le commerce intérieur, luxe déduit, vous doit l'existence, et que le commerce maritime, si libre, si indépendant, si vagabond, qu'il ne paraît admettre ni gouvernement, ni pays, s'enrichit même par vos secours, outre que la patrie n'est florissante et formidable qu'autant que vous répandez la fécondité sur la face de la terre, et que vous ne suspendez une seule année vos labeurs ni vos efforts.

Cultivateurs, vos yeux ont dû vous convaincre que vos pères, quoique sobres, économes, actifs, n'avaient pas fait rapporter à la terre tout ce qu'elle pouvait produire : vous avez vu rompre d'improductifs et d'inutiles pacages, rendre à la charrue des champs réputés stériles ; une verdure affaissée, des grains entraînés vers le sol par le poids des épis ont surgi comme par enchantement pour récompenser une main sage et libérale ; le mode des jachères a été moins scrupuleusement suivi, et depuis, par ce moyen, vos animaux se sont ressentis d'une amélioration progressive. Cette marche jusqu'à ce jour vacillante, vous l'avez suivie sans dommage ; osez plus aujourd'hui, puisque vous êtes par la réussite encouragés à tenter de nouveaux succès. Ne morcellez plus ou le moins que vous pourrez vos héritages ; empruntez de l'Angleterre, de la Normandie ces utiles clôtures, qui sont une sécurité, une richesse inestimables, tentez pour vos champs, pour vos prairies, ce que vous faites avec tant d'art pour la culture que vous appréciez le plus, je veux parler de celle de vos vignes ; plantez, plantez des arbres autour de vos héritages et sur ces chemins surtout où règne aujourd'hui la nudité de la mort, coupez par des saules si productifs le bord des étangs, des eaux stagnantes : embragez d'aulnes le cours de quelques ruisseaux. Portez enfin de nouveau sur vos champs l'œil de l'intelligence et la volonté d'en améliorer la culture. Ayez le moins de chevaux, le plus de bétail productif possible, sans toutefois négliger de donner à la terre toutes les façons utiles, ce qui, avant tout, constitue une bonne une soigneuse agriculture. Établissez le parc jour et nuit sur vos sillons, sans regretter un demi fourrage utile à nourrir vos moutons, à fertiliser le sol par ses débris ; semez, si vous y devez recourir, jusques deux fois du sarrazin dans une seule année, pour l'enfouir : le froment qui suivra, vous payera ce travail avec usure. Comptez moins sur l'étendue que sur la bonté de vos champs, et croyez que tout tenancier, qui sera plus fort que sa ferme, en même temps que son fourrage sera plus fort que son bétail, ne pourra que prospérer et s'enrichir, quoique les débuts seront quelquefois longs coûteux et pénibles.

Dans l'intérieur de la ferme de nouvelles améliorations vous attendent. Vos fumiers jetés au dehors sans précaution, sans exactitude se décomposent, s'altèrent ou se perdent. Prenez des Flamands, si experts dans cette partie, l'usage de s'emparer de tout ce qui peut fertiliser le sol ; tenez vos chevaux à l'écurie et vos bestiaux à l'étable, au lieu de les abandonner vaguement chaque jour sur des terrains stériles, et ne les laissez même paître les regains des prairies artificielles, qu'autant que la faux ne pourra les atteindre. Consommez le plus que vous le pourrez de vos pailles, au lieu de les vendre à un prix quelquefois ridicule ; donnez une attention sérieuse à ce que les animaux d'espèces différentes, soient au moins séparés par une cloison ; qu'il y ait toujours un courant d'air que vous puissiez établir, soit par une simple ouverture au plancher, soit par des brèches latérales. Etudiez l'amélioration possible des races ; la laine, la chair, le suif, les cuirs ; acquérez par la vue et surtout par le toucher, quel poids doivent avoir et peuvent atteindre dans un temps limité, vos moutons et vos bêtes à cornes, pour n'être pas dupés par les maquignons, lors de l'achat ou des ventes. Que l'œil vigilant du maître erre sans relâche, le jour et la nuit, sur l'exact emploi des rations, l'heure des repas, la propreté nécessaire, que rien, rien absolument de tout ce qui peut profiter ne se perde, et que la grange, les écuries, les ustensiles, les animaux, la ferrure, les harnais n'offrent jamais, ni à vos ouvriers la possibilité du vol, ni à vos voisins, le tableau de l'impéritie ou le type de la négligence.

O vous, qui somptueusement amollis au sein des villes et des plaisirs, considérez en pitié du sein de la mollesse et de l'inutilité frivole, ces travaux pénibles qui circulent sans relâche avec les saisons autour de l'existence active du fermier, croyez que la divine providence, cet œil suprême, intelligent, qui veille à la fois sur l'ordre de la nature et sur l'existence de la fourmi, n'a pas condamné l'habitant le plus utile d'une nation populeuse, à traîner indéfiniment son existence dans le domaine de la servitude et près du rang des animaux. Idoles de la fortune, favoris de l'intrigue, vous, qui dégoûtants de la sueur des privations, habitez ces demeures fastueuses où le luxe et la recherche amassent à grands frais avec tous les loisirs du désœuvrement des jouissances factices, si ce bien-être apparent peut vous rendre satisfaits, ou même, consumer l'ennui qui vous mine, pourquoi venir chaque année, au sein de la simplicité, de l'ordre et du travail, chercher ce tableau de mœurs simples qui vous plaisent, de gaîté qui vous séduit, de travail qui vous condamne et vous confond ? Pourquoi tel seigneur, après avoir fêté somptueusement son roi, dévoré la dixme de tous ses revenus en quelques heures, vient-il soupirer au village en admirant l'ordre, l'économie, la *mediocritas aurea* de son tenancier ? Son château superbe est-il moins exposé à la foudre du ciel et des hommes que le toit du vieux manoir qu'il domine ? Les arbres exotiques, si languissants de son parc, ont-ils plus d'utilité, de beauté réelle, que ceux du verger, ou des avenues de la ferme ? La pelouse de verdure qui enceint sa demeure quasi royale, est-elle plus agréable que les prés ? Sa pièce d'eau, que l'étang ? Les statues privées d'attachement et d'action, que les animaux épars de l'exploitation qui se cherchent, s'aiment se protégent et bondissent?

IIe PARTIE.

La terre que l'homme cultive avec plus ou moins de facilité, de succès et d'intelligence, n'est pas sortie des mains du créateur telle qu'aujourd'hui elle se présente à nos yeux avec ses animaux, sa verdure, ses forêts et ses fleurs ; l'âge a dû la murir longuement, les siècles la sillonner à plusieurs reprises, avant qu'elle se soit offerte aux regards telle que nous la voyons*.

Cette création si obscure, si reculée, devant laquelle se ride le front vieilli du penseur, s'éteint la voix du philosophe, sera toujours inexplicable aux efforts de la seule

* Ceci paraît contredire la Genèse et ne la contredit nullement; nous lisons : *Et ait : (Deus) germinet terra herbam virentem....* 14. *Fiant luminaria in firmamento cœli, et dividant* DIEM *ac* NOCTEM, ce qui prouve, que les jours de la création ne se doivent pas retrancher dans un espace de 24 heures, puisque cet espace n'était pas encore créé. C'était un temps illimité, nécessaire à la production à l'accomplissement de la chose. Un espace très-long pour la vie de l'homme, un jour pour l'éternité de Dieu. C'est ainsi que l'on trouve chez les premiers Egyptiens des années d'un mois lunaire; chez les Juifs ce passage tant de fois commenté : *Stetit itaque sol in medio cœli.* Dieu se servait ici pour ses desseins du bras d'un général, non des lumières d'un philosophe. Tandis que Josué se trompait, Dieu rectifiait sa pensée; la terre s'arrêtait.

raison. C'est au cœur à la sentir, à la bénir dans l'ignorance des faits, en admirant avec Baruc, celui qui pour sa gloire : extendit aquilonem super vacuum et appendit terram super nihilum.

Cependant quoique le grand œuvre de la création demeure un problème, l'esprit humain cherche à pénétrer les causes accidentelles de la formation de notre globe. Plusieurs propositions sont même étayées par des noms célèbres. Quelques savants supposent que la terre fut toujours ce qu'elle nous paraît aujourd'hui; d'autres qu'elle fut longtemps abymée sous les eaux ; d'autres qu'elle fut jadis embrasée ; d'autres qu'elle n'est qu'une comète solidifiée; d'autres enfin qu'elle fit partie du soleil qui l'éclaire. Je ne dois pas choisir entre ces données, mais je fais remarquer, que les gaz abandonnant de l'eau sous une commotion rapide, procédé aujourd'hui incontestable, il serait également possible, que le feu abandonnât un jour du gaz hydrogène, ou l'eau, quelques résidus analogues au noyau de notre globe terrestre, ce qui prouverait enfin, qu'il n'y a dans la nature qu'une seule matière infiniment, indéfiniment modifiée*.

Passant à l'inspection de la surface de la terre; ses mers, ses abymes, ses lacs, ses montagnes, nous offrent la conviction que la nature produit avec une constance, une force relative à ses œuvres. Tout ce qui nous entoure est grand, majestueux, sublime. Au milieu de bouleversements apparents, que de prévoyance, de sollicitude,

* En effet quelques kilogrammes de terreau, matière insensible, inerte, se convertissent en bois, en froment, en laine, en cuir, en muscles agissants, en chair sensible, en os matière végétale, enfin en animal complet, se mouvant, doué de sensibilité, s'attachant à nos jouissances, à nos caresses, à nos travaux. Il n'a fallu qu'un mot de Dieu pour le tirer de cette poussière; un caprice de l'homme pour le détruire et l'y faire rentrer. Comment lorsque Dieu a créé, l'homme ose-t-il anéantir ?

de majesté! Si la terre était également unie, elle serait plutôt couverte que baignée par l'Océan. Si elle n'offrait que des aspérités, elle ferait diverger et laisserait échapper l'action des rayons destinés à produire sur la nature végétale, animée, les jouissances et la vie ; le sommet des aiguilles serait glacé, tandis que leur base tournerait dans l'ombre. Cependant il est facile de remarquer, que la nature ne créant toutes choses que pour détruire et ne détruisant que pour créer, amenera avec la suite des siècles le nivellement de cette masse orbitaire, pour la reproduire ensuite par une commotion jusqu'à nos jours imprévue, avec une nouvelle jeunesse et sous de nouvelles formes.

Le sommet des rochers par l'action des rayons solaires et la puissance du froid se fendille, s'attrite en quelque manière; la pluie les détrempe, les torrents les sillonnent, et s'écoulent chargés de débris vers les fleuves, qui vont ensuite se perdre au sein de l'Océan, pour y former des langues de terres riches, fertiles dès qu'elles sont soumises à la dessication, et, où s'établit promptement, sans les secours de la main de l'homme, une végétation active un commencement d'humus et de terreau.

Au fur et à mesure que ces dépôts arrivent, le rivage de la mer s'élève, celle-ci se retire et découvre par degrés des amas de coquilles, qui, déjà usées par l'action des vagues, le roulis des ondes, se pénètrent des dissolvants unis à l'atmosphère, et s'atténuent, au point d'offrir ces vastes régions calcaires, qui surprennent le calcul et la raison.

Les terres siliceuses et alumineuses ont une origine dont l'explication n'est pas moins saisissable pour l'œil attentif; car les eaux qui découlent des roches vitrescibles

les chariant dans leur cours, déposent la silice plus pesante dès que leur marche se ralentit, et, retiennent l'alumine, pour ne l'abandonner qu'au repos.

Le sol d'alluvion est donc infiniment modifié, variable, puisqu'il peut se composer non seulement de tous les éléments du globe à plus d'un millième du rayon terrestre, mais encore de l'action active de l'atmosphère prolongée par les siècles, l'homme, les animaux et la décomposition des productions végétales.

Il y a aussi le sol d'exfoliation presque toujours analogue à la couche sur laquelle il repose. Ce sol n'est modifié que par quelque sédiment des pluies, l'absorption des différents gaz, le débris progressif de la végétation établie et les transports faits soit par les animaux, soit de la main de l'homme. On peut y joindre les sols madréporiques de nos jours encore à l'état naissant, les sols de commotion, volcanique, bitumineux, tourbeux, etc., mais qui pris séparément et n'occupant qu'une faible partie du globe, ne retiendront pas notre attention. Cependant toutes ces terres demandent une culture différente et raisonnée, outre une pratique qui ne s'obtient que dans chaque localité.

C'est pourquoi le fermier ou le propriétaire étrangers, qui, faisant valoir un domaine, renverseraient inconsidérément la culture établie, exposeront toujours leur bien-être; car, ici les bœufs sont exposés à des urines sanguinolentes; là, les moutons sont attaqués de fourchet ou de pourriture; plus loin la terre rejette de son sein les blés avant l'hiver les mieux enracinés; tandis que plus loin encore, des vapeurs destructives et souvent annuelles attaquent le grain, noircissent le chaume au moment où l'épi se développe. Il est donc nécessaire de porter un œil prévoyant et sage sur le terrain que l'on se propose de cultiver, d'examiner attentivement la position du lieu, l'inclinaison des terres, la hauteur physique, les abris, les forêts, les eaux, les montagnes, la couleur, la ténacité locale, l'étendue; car une propriété trop grande entraîne négligence sur une foule de détails; trop petite, elle absorbe les profits par les seuls frais d'exploitation, outre que l'on vit dans une gêne continuelle de parcours et de fourrages. Si l'on n'a pas la pente nécessaire à l'écoulement des eaux pluviales, pendant l'hiver, on sera conduit à bien des frais, et l'on sera contraint, à moins que le sol ne soit immédiatement perméable, de renoncer à la culture du froment d'automne et de plusieurs plantes fourragères. Si la ferme est dans une situation basse, elle sera souvent ombragée; si elle est trop élevée, elle sera plus exposée aux vents impétueux, aux gelées de printemps qui altèrent et retardent les productions; si elle n'offre aucun abri, elle n'admettra les plantes délicates qu'à regret; si les forêts l'entourent, elle aura souvent des eaux en abondance, mais l'herbe de ses pâturages continuellement ombragée, couverte de feuillage se décomposant à l'automne, conservera une acreté dangereuse pour les animaux; si elle est enveloppée de montagnes, il faudra s'informer de la direction habituelle de la grêle, qui, souvent occasionne en quelques minutes des ravages effrayants; enfin, la ténacité locale, peut exiger une telle dépense d'ustensiles, de gens et d'animaux, que les produits, avec tout l'extérieur de l'abondance, de la vigueur, seront réduits à peu de chose. Une rivière, un simple ruisseau, la proximité d'une ville populeuse, des chemins en bon état, la contiguité des terres, sont aussi des avantages que l'on doit noter ainsi que l'intelligence des ouvriers, leur abondance, et le prix de la main-d'œuvre. Tous ces avantages ne peuvent jamais se rencontrer réunis sur une même ferme, mais si plus de la moitié manque, il faut rabattre du prix et de nos espérances.

BATIMENTS.

Rien n'annonce davantage la richesse, la puissance, le bonheur d'une nation, que la position, la propreté des fermes, qui semblent accompagner les pas du voyageur. Partout où le peuple est heureux, le dehors des habitations rurales, partage de l'aisance et de la gaîté intérieures. Les bâtiments, quoique bornés aux besoins de l'exploitation, sont construits avec une solidité, une symétrie remarquables; de belles haies, des fossés curés avec soin, des avenues qui ont vû plusieurs générations passer sous leur ombre et la respecter, des vergers peuplés de fruits, annoncent que c'est un ancêtre* qui a bâti, planté avec sécurité pour ses descendants. Que dans les pays où l'oppression marche à côté de la sueur, on trouve un tableau différent! L'habillement, *a miserable mixture of vice and poverty*, tient plus d'un orgueil indigent que d'une aisance héréditaire. Les meubles, loin d'être simples, solides, luisants, disposés avec ordre; sont sales, rares et négligés. Pas de plantations ni d'ombre, de clôtures, de jardins, ni de fleurs. Un toit de chaume mousseux, couvre un réduit en pierres sèches, en pisai, tandis qu'une ou deux ouvertures latérales, donnent issue à la fumée, à l'homme, à quelques animaux épuisés ou immondes.

L'étendue des bâtiments doit se proportionner à la

* Ancêtre est pris ici pour un des ancêtres; si c'est une faute j'avertis qu'elle est commise à dessein.

fertilité du sol, à l'étendue de la ferme, à la nature des récoltes, à la cherté locale des constructions.

Dans toute construction rurale, on doit veiller à ce que tout marche et s'exécute constamment sous les yeux des fermiers; à ce qu'ils puissent voir d'un coup d'œil leurs granges, bestiaux, ouvriers, charrues et récoltes; à ce qu'il y ait le moins de perte possible d'engrais, de fourrages, de grains, de temps; que le trajet soit court en tout sens; l'eau proche, abondante; enfin qu'il y ait peu de chances d'incendie.

SOL.

Tout propriétaire avant de faire l'acquisition d'une ferme, tout fermier avant de la louer doit examiner la nature du sol, ainsi que la température et les productions locales.

La terre se montre aux yeux :

Noire, Lorsqu'elle contient des débris végétaux avec excès.
Terre de marais près Schelestadt, terre de bruyères près Breda, terres tourbeuses près d'Ostende, terres à charbons fossiles entre Enghien et Valenciennes.
Sol variant du mauvais au très-bon.

Grise, Lorsqu'elle est unie à la silice, à l'alumine, avec des portions de calcaire et d'humus.
Environs de Lille, de Bernay; sol variant du bon à l'excellent.

Brune, *Rouge,* *Jaune,* Lorsqu'elle contient des parties ferrugineuses.
Sol corrodant quelquefois le chevelu de la racine des plantes.
Près de Bar-le-Duc, Ligny, Nancy; modifié par la culture.

Bleue, *Verte,* Lorsqu'elle retient du cuivre, du soufre; terres gypseuses.
Près de Lunéville; en Auvergne : pouvant donner de bonnes productions.

Blanche, Alumineuse, très-rare à l'état pur, et stérile.

Blanche, Calcaire avec excès, Champagne.
Plus ou moins fertile et par mélange seulement.

Le sol agricole est donc composé :

1° *de Silice*. Revers des Vosges.

Les dunes entre Dunkerque et Flessingue ne contiennent que de la silice et des débris de coquilles, à l'œil nu.

2° *d'Alumine*. Buffon regardait l'alumine comme un tritus de silice en pourriture : ceci me parait hypothétique
- 1° par la pesanteur rapprochée ;
- 2° par l'indestructibilité inhérente ;
- 3° par la fusibilité, bien différente ;
- 4° par la contractilité.

3° *de Calcaire*. Ou de débris fluviatiles et marins, assimilés à leur nature par des êtres jadis existants, antédiluviens même ; resaisis aujourd'hui avec des modifications phosphatées, par les os des animaux, etc., etc.

La silice est chaude, manque d'adhérence, absorbe avec avidité la chaleur et l'eau, qui la pénètrent en tous sens et l'abandonnent ensuite avec facilité.

L'alumine est froide, l'eau à cause de son adhérence, de sa ténacité, ne la pénètre que lentement ainsi que la chaleur, mais elle les retient ensuite longtemps.

Le calcaire est très-froid, puisqu'il absorbe beaucoup d'eau et renvoie peu de rayons solaires *; en compensation il saisit plus de particules flottants dans l'atmosphère ; il en absorbe même quelquefois au point de devenir acide et par conséquent stérile **.

Le sol siliceux produit
- Tubercules, sarrazin,
- Fourrages variés excellents,
- Seigle de hauteur remarquable.

Le sol alumineux est la terre
- à froment, à fèves par excellence.
- Le colza, le trèfle y prospèrent.
- L'avoine y vient moins bien ; l'orge s'y déplaît ;

Le sol calcaire est la terre
- à Sainfoin, à lupuline, à pinprenelle.
- la culture y introduit le froment.
- le seigle y vient ainsi que l'avoine.

Le correctif du sol,
- 1° Siliceux ; est l'alumine et la marne.
- 2° Alumineux ; le sable fin, par son mélange.
- 3° Calcaire ; la silice et surtout l'alumine.

* La percussion rapide et accumulée des rayons solaires différamment attirée par les corps, me paraît la cause la plus naturelle de la chaleur. Les rayons de la lune ne sont pas chauds, précisément parce que ce ne sont plus que des rayons réflétés ; la chaleur étant épuisée ou très-modifiée dans la lune.

** Les dégagements qui s'échappent de la chaux comparee au verre et à la poterie en sont la preuve.

Les fumiers qui leur conviennent sont :

Au sol siliceux : le fumier de bœufs, qui rend la terre plus adhérente par sa viscosité.

Au sol alumineux : le fumier de chevaux, qui chaud, pailleux, transmet au loin la fermentation en divisant les atômes.

Au sol calcaire : le fumier de moutons, qui réchauffe et noircit la terre*.

Le sol siliceux est d'un labour facile, peu dispendieux en toute circonstance. Il se prête aux cultures les plus variées, et souvent, enrichit le fermier. L'habitant de ce sol est généralement industrieux, bon, affable, mais plus mou que celui résidant sur un terrain alumineux, ou dans un pays de montagnes. Les animaux avec quelques soins y sont grands et bien faits. C'est le sol de beaucoup de plaines et de quelques revers de sommités abruptes. Lorsque la terre est ruinée par les vents, usée par les productions et la vieillesse, elle ne présente souvent plus qu'un sol siliceux et décrépi. Patrie des croyances mystiques et de l'absolutisme (Asie, Chine; Afrique, Égypte); nul terrain avant sa détérioration, n'offre cependant plus de chances de succès, d'amélioration et de fortune.

Le sol alumineux, annonce une formation de débris, conservant son apreté, sa vigueur. Gisant dans la prolongation des montagnes, il repose presque constam-

* J'ai eu plusieurs fois le désir de faire sur une terre calcaire à 68 p. °/o, les essais suivants dans des circonstances identiques : par 20 ares,

1. Fumier de bœufs, 4000 kilog. } enterrés avant la semaille du froment; trèfle pour l'année suivante.
2. — de chevaux, 3000 }
3. — de moutons, 2000 }

Chaux rejetée comme ne pouvant apporter aucune fertilité positive.

4. Sel, 10 kilogrammes.
5. Sonfre, 10 — ou son équivalent.
6. Suie, 1 hectolitre.
7. Cendres lessivées, 1 —
8. Rognures de cornes, 1 —
9. Noir animal. 1 —
10. Charbon pulvérisé, 1 —
11. Guano, 1 —
12. Colombine, 1 hectolitre.
13. Sang, 3 —
14. Silice, 100 —
15. Marne alumineuse, 100 —
16. Sarrazin semé deux fois et enfoui.

ment sur une masse pierreuse, sur un tuf ondulé. C'est le domaine du travail pénible ; les animaux y acquièrent plus de nerf, les hommes, plus de vigueur corporelle. La subjection y est moins unanime, mais l'esprit y acquiert moins d'intelligence et de portée. Ce n'est pas le pays de la servitude ; ce n'est pas le pays du génie et des arts. Un fermier y trouvera présumablement plus d'économie que de produits, plus d'activité que d'intelligence.

Le sol calcaire admet une formation plus récente ; l'œil s'attriste en le regardant, à moins que la vue ne trouve à se reposer sur les montagnes. Alors, et dans ce cas, tout change rapidement par le mélange de silice et d'alumine. Des vergers, des bois, des vignes, des champs ondulants, de vertes vallées, se déroulent avec tous les dehors de l'abondance ; et le cultivateur instruit, intelligent, fera bien de s'y fixer. Sa sueur, ses travaux, ses soins seront payés en produits. Bretagne, Maine, Anjou, Saintonge, Angoumois, Champagne, Sologne, pays si admirablement cultivés ! Vous avez cependant presque toujours sous vos pieds de quoi vous orner, vous enrichir !

Il serait peu réfléchi de croire qu'il existe réellement des sols purs de sable ou de silice, d'argile ou d'alumine, de calcaire ou de craie. Ceci n'est qu'une fiction pour indiquer la masse dominante, et, l'humus ou terreau, que l'on a considéré comme sol, n'existe même pas dans la nature à l'état permanent ; c'est une modification, une altération prolongée des êtres, chargée de sels et de carbone*; un sol transitif qui chaque jour s'use, se dissipe et s'éteint.

* Les sels sont facilement solubles ; on a dit que le carbone était indestructible. Que fait le feu ? n'est-il pas le dissolvant du carbone ? Je m'humilie devant quelques esprits ; mais je ne saurais cependant toujours penser comme eux.

Un sol infertile, peu fertile même, est celui qui contient du calcaire, de l'alumine ou de la silice avec excès; un sol fertile au contraire, est celui qui retient une certaine partie de chacune de ces terres dans des proportions favorables, et jointes, à quelques parties de terreau ou d'humus.

Ainsi :

40	parties de silice	(précipitées par le lavage).
40	id. d'alumine	(soutenues dans l'eau).
37	id. de calcaire	(saisies par les acides).
3	id. de sels et d'humus	(dissoutes ou flottantes à la surface).

Composeront un sol fertile.

Avec ces faibles données, il suffit de l'œil de l'intelligence pour voir si la ferme a été bien ou mal cultivée, si les améliorations sont faciles ou possibles : car il est peu rationnel de s'en rapporter à des paroles, lorsque l'on a sa raison pour se guider, ses yeux pour voir.

PRODUCTIONS.

En parlant de productions agricoles, nous supposons une population, de l'aisance, des besoins, des débouchés; car il serait absurde que l'homme s'occupât sans but réel, sans les jouissances même de la société, de travaux aussi lents, aussi pénibles.

La nature ayant départi à chaque sol, à chaque contrée, à chaque culture même, des avantages qui leur sont propres, l'homme a pris sur ces productions un ascendant, une influence qu'on ne peut lui refuser. C'est ainsi qu'il vivifie ou détruit certaines plantes : qu'il fait d'un arbre, un buisson (saule); d'un arbuste, un arbre de moyenne taille (néflier); que l'amandier à fruit ligneux, s'étonne de produire des pêches aqueuses et parfumées, tandis qu'une question s'élève pour savoir si le froment*, l'orge, l'avoine, le coq, le mouton existent encore à l'état inculte et sauvage.

En tous lieux, on apperçoit facilement que le cercle des productions végétales s'agrandit, se resserre, s'altère sans relâche; mais c'est surtout dans les Alpes, que l'on voit d'un coup d'œil les nuances progressives ou ralenties de la végétation. Dans le bas, de nourrissants pâturages, des champs cultivés avec art, couronnés de vignes et de forêts de chênes; plus haut, d'immenses régions de hêtres et de coudriers; des sapins; puis viennent les mélèzes; enfin, la nature, comme une bonne mère, fait un dernier et sublime effort, pour produire en souriant des fleurs, avant que d'expirer.

Qui, qui pourrait nombrer les plantes soumises à la culture ou celles qui pourraient l'être un jour! Une agronomie progressive et raisonnée, la réunion des propriétés en parcelles moins divisées, des chemins d'exploitation mieux ordonnés, les dessèchements de marais, les clôtures privées et générales, la dissémination des fermes d'exploitation sur toute la surface d'un territoire, la suppression des jachères, du droit de parcours sauf dans les dunes, landes, montagnes, etc., ameneraient des changements surprenants, incroyables, sans parler d'une légère déviation très possible par la suite des temps, dans l'axe planétaire : d'où races d'animaux aujourd'hui éteints et action prolongée de l'obliquité, qui, a suffi pour rendre l'hémisphère boréal plus chaud, plus productif que

* On a écrit que le froment n'était autre qu'un chiendent perfectionné (*triticum repens*); j'aimerais autant admettre, que le cheval n'est qu'un zèbre; car ces animaux se ressemblent au moins par le pied. Nous ne parlons pas des oreilles.

l'hémisphère austral dans une proportion très décidée; mais celui-ci aura peut-être également son tour.

La terre a même son enfance, sa jeunesse, son âge mûr et sa vieillesse ou décrépitude. Dans l'enfance elle acquiert, comme à la Guiane et sur les bords de quelques volcans, des formes et une taille athlétiques en quelques années; elle jouit ensuite comme en Flandre, en Angleterre, en Alsace, en Suisse, en Normandie, d'une santé robuste et fière; enfin, sa végétation se ralentit longtemps sans s'arrêter, comme en Bourgogne; mais enfin, fatiguée, à force de donner des produits, d'être ridée par les ondes, elle découvre ses flancs cicatrisés et osseux, (haute Égypte), ou ses sables stériles. (Tartarie asiatique méridionale; environs de Rome, de Paris même.)

PRAIRIES.

Quoique l'habitation de l'homme use rapidement la terre*, il est certain que le sol loin de se dégrader, s'améliore en alimentant des pâturages, tandis qu'il s'épuise en se chargeant à des intervalles trop rapprochés de céréales; mais, outre que le sol s'élève sous les différents gazons par le chevelu des racines, le débris annuel des feuilles et l'augmentation successive du terreau, l'on n'a peut-être pas assez réfléchi aux causes qui amènent cette différence. Les excellentes pâtures de la vallée d'Auge, de la Hollande, des montagnes des Vosges, etc., paraissent devoir leur excessive fertilité à quatre causes différentes, tout en négligeant l'humidité atmosphérique locale, qui agit puissamment. La première, est celle d'un limon d'alluvion qui les envahit souvent à l'automne et pen-

* Si l'approche des villages, des villes est plus fertile; c'est l'effet des engrais surabondants. Abandonnez ces terres à la nature, elles seront moins fertiles que plus loin.

dant une partie de l'hiver ; la seconde, celle de prairies qu'on fait sans relâche paître par des bœufs, des moutons à l'engrais, à l'exclusion des chevaux, qui, en sont proscrits ou admis dans des proportions fort atténuées ; la troisième, est celle de l'irrigation printanière ou estivale ; la quatrième enfin, celle de prés à faucher, dont on fait paître les regains, et qu'on charge de fumiers, de curures de mares, de fossés et d'égoûts, soit en hiver, soit à l'automne. Ici même, quoique l'on suppose une amélioration inhérente aux pâturages, l'on voit que la nature vient au secours du sol, ou que l'homme les protége de son industrie ; car supposer qu'une prairie chaque jour foulée par les besoins sociaux, le tranchant de la faux, puisse s'améliorer ou se maintenir même en parfait état de fertilité sans aucun de ces avantages, est une dangereuse erreur.

CÉRÉALES.

L'action mécanique de la production des céréales, ne ruine pas le sol par elle-même, j'ose l'avancer, et je suis même convaincu, que si pendant un certain nombre d'années, on fauchait le grain réputé le plus épuisant, l'orge par exemple, en herbe; qu'on le fit consommer à l'étable, sans litière, et qu'on le reportât ensuite sur le terrain qui vient de le produire, pour l'étendre bien également et l'enterrer aussitôt; ce même terrain, à moins qu'il ne fût disposé en pente rapide, ne se ressentirait d'épuisement qu'après un bien long cercle d'années.

La production de tout grain qu'on laisse mûrir a une action toute différente. D'abord la terre plusieurs fois labourée, soumet les parties les plus fertilisantes à l'entraînement des pluies au-dessous de la surface cultivée, et le sol s'épuise, déjà, sans autre cause que ce seul fait. Ensuite, tant que les tiges sont herbacées, elles empruntent de l'atmosphère presque toute leur croissance et leur vie; mais au moment où le grain déjà formé s'efforce de mûrir, la statique végétale est interrompue. L'air ne fait plus compensation à la sève absorbée, les seules racines sont réduites à fournir, aux dépens du sol, toute l'alimentation végétale, et c'est ici, ici seulement, que la terre s'épuise en raison de la marche de la maturité. Voilà pourquoi un champ de froment qu'on laisse parfaitement mûrir, épuise la terre de presque tous les sucs propres à la production de cette céréale; mais heureusement que l'air et l'eau, rendent en très peu d'années de quoi lui permettre d'en produire de nouveau. Ainsi, supposant qu'un champ soumis longuement à la culture, produise 16 boisseaux de grain outre la semence de la première année; il n'en produira que 8 la seconde, plus le produit des influences atmosphériques, et 4 à la troisième, plus l'action des influences atmosphériques, plus la décomposition des débris végétaux enterrés, plus la semence peut-être, mais maigre, salie et dégénérée. Il nait de là, que les produits en céréales suivent la pente de la fertilité naturelle, de l'assolement établi, de la quantité, de la qualité de la semence employée. Il faut encore y ajouter subsidiairement : les façons données à la terre selon sa nature, la quantité, la qualité, l'origine de la semence, le temps plus ou moins opportun des semailles, les influences locales et atmosphériques.

Avec l'absence d'une ou de plusieurs de ces causes; la semence de froment sous le Toulois peut donner : d'un à 3 le moins, d'un à 22 le plus, c'est-à-dire, dans quelques circonstances, un produit sept fois plus grand.

Il n'y a donc pas de calcul plus erronné que celui d'avoir des terres incultes ou mal cultivées, lorsque l'on possède des capitaux, que l'on pourrait y placer avec avantage et sécurité. Le produit net de 100 arpents exploités avec vigueur, sera souvent supérieur à celui de 600 arpents conduits sans intelligence et sans énergie.

LABOURS.

Le nombre des labours à donner varie selon le peu d'union ou le trop d'adhérence des molécules, l'état du sol, la localité, l'atmosphère, le temps dont on peut disposer et la nature des récoltes. Leur profondeur se base sur les mêmes données, mais surtout, sur l'épaisseur de la couche de terre végétale et les masses d'engrais disponibles. Ici les récoltes exigent des sillons larges ou étroits, plats ou bombés; ailleurs, on admire ces billons relevés en ados avec tant de justesse et d'art, qu'une flèche adroitement décochée n'en pourrait avec plus de sévérité décrire les limites. Telles le veulent les exigences du terrain, humide ou sec, perméable ou compact, superficiel ou profond.

Il suit de là, que les instruments du labourage doivent être également fort modifiés et variables; aussi voit-on, selon les différentes localités et quelquefois d'un même royaume, le cultivateur monté sur son mulet, porter sa charrue aux champs sur son dos; tandis qu'ailleurs, quatre ou six forts chevaux, essoufflés, attelés à une charrue tardive et pesante, à un soc large et tranchant, déchirent le sol avec peine.

Labourer, semer, enterrer la semence au moment du labour paraît presque toujours utile; mais dans une grande exploitation, où l'on tient plus aux animaux de produit, qu'au nombre de chevaux de trait, il faut souvent préparer le cinquième ou le tiers même des terres à l'avance; aussi recourt-on dans ce cas, à la charrue réjoire, au shim, à plusieurs instruments plus ou moins expéditifs, si même l'on ne se contente, mais à tort, de herses plus ou moins énergiques.

Celui qui pourrait inventer un semoir propre à répandre sur tous les sols et en toute circonstance les graines les plus usitées, me paraîtrait un second Triptolème, un homme divin, mais ce sera toujours la pierre philosophale de l'agriculture et le désespoir insurmontable des vrais amis de l'humanité.

Le rouleau est un instrument indispensable à toute agriculture ; il est même des circonstances où son secours si simple, est d'un effet merveilleux, non seulement sur les orges, les avoines, les vesces, les pois que l'on destine à la faux ; les minette, sainfoin, trèfle, luzerne, ray-gras que l'on ne veut que mollement recouvrir, mais sur les blés d'hiver déracinés par les gelées, et que l'on rasseoit artificiellement en écrasant sur leur chevelu, les mottes de terre que l'on doit à cet effet se ménager à l'automne.

L'eau se gonfle, acquiert plus de volume, un instant avant la solidification, ce fait ne peut être contesté; mais son action sur la culture n'a pas été je crois assez étudiée. Tâchons d'expliquer un effet, qui, au premier abord, paraît surprenant. J'ai vu des pieds de colza, enracinés d'un pied au mois de novembre, arrachés ensuite et totalement couchés à nu sur le sol au mois de mars. D'où provenait un tel désordre? D'une mauvaise agriculture.... Ce sol, (calcaire-alumineux), s'emparant de beaucoup d'humidité dès l'automne, recevait plusieurs chutes d'eau pluviales et demeurait labouré à plat, sans aucunes curures d'écoulement, depuis des siècles. Conduit par mes devanciers, je fis une école, mais comme j'avais pressenti ce fait sans l'éviter, j'en cherchai la cause. Je pris, j'enfonçai quelques-uns de ces pieds de colza dans la position qu'ils auraient dû occuper dans une terre non travaillée par les gelées, et je les revis ensuite chaque jour. Bientôt, je reconnus qu'à chaque gelée, le sol se soulevait en élevant la racine des plantes, et, qu'il retombait ensuite au dégel, dans la proportion non des froids continuels, mais intermittents endurés, en abandonnant à l'air les racines, dans des proportions relatives. Je profitai ensuite de cette découverte pour faire couler le rouleau sur 12 hectares de froment et rasseoir la racine anudée, et j'obtins, sur cette partie de mes hivernages, un résultat si positif, que je ne craignis pas d'en avoir toute la reconnaissance à la seule action si simple, si peu dispendieuse du rouleau.

Les plus belles récoltes de froment sont toujours celles où l'on peut marcher soit à l'automne, soit aux premiers beaux jours du printemps sans s'embourber; aussi peut-on avancer, que si le sol n'est pas tel de sa nature, il faut l'y préparer, l'y conduire, par tous les moyens; pente naturelle utilisée, champs étroits ou bombés, engrais pailleux très récent, fossés, maîtres et dérayures.

Enfin, s'il est utile de donner aux productions toutes les cultures qui peuvent leur devenir profitables, il n'est pas moins nécessaire, de ne pas en accorder de superflues, car, outre la perte de temps et d'argent qui s'attachent à cet excès, on s'expose à perdre totalement les récoltes. Plusieurs froments seraient restés fort beaux à l'aide d'une seule, de deux ou quelquefois de trois cultures, et qui, à l'aide de labours supplémentaires inopportuns, ne valaient pas, à la moisson, les frais de la faux.

CHEVAUX DE TRAIT.

Dans toute exploitation d'une certaine étendue, on ne doit avoir que les chevaux nécessaires à l'exploitation, mais il faut cependant avoir tous ceux qui peuvent être constamment utilisés. C'est surtout aux semailles de printemps et d'automne, qu'une ferme doit être conduite avec célérité, vigueur ; car de ces jours précieux dépendent la fortune des fermiers et la masse des récoltes*. J'aimerais mieux deux chevaux de relais sur une forte exploitation, que de voir le travail languir pendant une seule journée. L'heure des bonnes semailles sonne plus tôt, sonne plus tard selon les localités, mais nulle part, elles ne sont également fructueuses après quinze jours ou trois semaines d'attente**. Le moyen d'expédier le plus de besogne, de fatiguer le moins possible les animaux, est d'avoir le nombre de charrues nécessaires, pour ne donner que trois heures de repos à la dinée, d'avoir un semeur continuellement en besogne, et une ou deux herses à dents de fer, quand on sème dessous ; six à huit, quand on sème dessus. Par ces moyens il est presque toujours facile d'expédier toute la besogne en douze ou quinze jours de travail. Il serait aussi possible de supprimer le conducteur dans bien des localités, et d'augmenter le nombre

* Il faut sur une ferme à grains : en hyver, surveillance ; au printemps, prudence ; en été, diligence ; puis activité, célérité, rapidité, quelquefois témérité dès les premières semailles d'automne.

** Ainsi l'avoine semée tardivement paraît longtemps plus élevée et très belle ; mais comme elle acquiert rapidement sa hauteur ; la sève trop abondante sous une végétation si luxurieuse, s'extravase aux premières matinées froides du mois d'août, comme sous la pression des plus légers brouillards. Alors l'on ne récolte que de la paille, et paille de mauvaise qualité.

des charrues, tout en enlevant à chacune d'elles un ou deux animaux, dont à cette époque, l'on peut encore souvent se passer.

SULFATAGE.

Le sulfatage est une opération importante et qu'on ne doit jamais négliger. Outre l'attention de laisser mûrir fortement la semence du blé, de rejeter inexorablement toute celle où l'on trouve seulement quelques épis mouchetés, il faut encore ne pas recueillir cette semence soit après des semailles tardives, soit sur des champs où l'on a conduit beaucoup de fumier, soit sur les revers exposés au midi, surtout, dans les terres que fatiguent fortement les gelées.

Je puis affirmer que depuis 16 ans que je cultive du froment, je n'ai jamais eu un seul épi carié, mais outre les précautions indiquées, j'emploie le sulfatage suivant, par hectolitre :

Eau lixivielle, ou jus de fumier,	3 litres à	(80 degrés Réaumur.)	
Eau naturelle,	3	id.	id.
Sulfate de cuivre,	62	grammes dissous.	
Selle gemme,	225	id.	id.

Travailler ce mélange, jusqu'à ce que le froment de semence soit imprégné en tout sens, et que le tas ait changé de place 3 ou 4 fois*.

ENGRAIS.

Celui qui le premier annonça que la terre pouvait à l'aide de cultures nombreuses se passer de fumiers, proclamait une absurdité dangereuse, cependant on le crut sur parole, et l'on fit des essais nombreux qui, n'annonçaient rien moins que l'avidité crédule, l'impéritie. La nature se vengea dès l'essai, refusant végétation et récoltes. Sur

* On estime 4,000,000 de grains par hectolitre ; un seul grain échappé au sulfatage, peut donner de la carie.

toute terre cultivée il faut des engrais, beaucoup d'engrais, toujours des engrais pour vivifier les productions, mais ces engrais ne sont pas seulement les fumiers des cours de ferme, car ceux-ci, malgré leur abondance, sauf quelques positions très exceptionnelles, ne pourraient tout au plus que balancer l'état rétrograde du sol cultivé plusieurs années successives en céréales; à moins cependant que l'on n'achetât des pailles, ce qui change l'état de la question, et, n'offre plus que des résultats fictifs.

Une bonne et lucide agriculture peut se passer sans inconvénient de prairies naturelles: et cependant progressivement améliorer le sol; ce résultat s'obtient : à l'aide de prairies artificielles, de récoltes préparatoires culbutées à dessein, de silice, d'alumine, de la marne; de cendres de bois, de charbon, de tourbe; de varechs, de gazons incinérés, de chaux éteinte, de gypse calciné; de curures de mares, d'étangs et de fossés; de boues et d'immondices de villes; de débris végétaux et animaux; de substances huileuses et alcalines; de fumiers provenant de tous les animaux, de cultures appropriées; enfin et surtout, d'un ordre prévoyant de récoltes. La plupart de ces moyens, de ces agents de fertilité, sont presque constamment sous la main de l'homme; car, entre l'infécondité présumée et la fertilité naissante, il y a souvent moins de six pouces d'épaisseur.

Maintenant, si vous dénotez votre sol, la latitude, l'élévation, l'humidité locales; on dira la nature de vos produits; ajoutez l'étendue, l'assolement, les engrais; on nombrera vos récoltes; quel gouvernement vous régit..... non, non, c'est inutile, il fait équilibre à votre industrie.

IIe PARTIE.

—

L'homme isolé est si faible qu'un simple levier humilie toute sa force corporelle; l'homme social, est si puissant, que la face du globe disparaît sous l'effort de ses bras, et, se couvre à sa voix, de récoltes utiles et variées. Que ne peut l'intelligence conduite par le temps, la persévérance unie au travail ? Ici, la nature âpre, hérissée, sauvage, cède aux efforts de la flamme, qui dévore à dessein d'impénétrables forêts; là, les eaux contenues et maîtrisées cessent de bouleverser, d'envahir des campagnes, destinées à vivifier une population active et nombreuse. Déjà le ciel brille d'un éclat moins souvent chargé de brouillards et d'orages; la température s'égalise et s'adoucit. Des bourgades, des villes surgissent; des communications se développent, se croisent, se multiplient, s'étendent; toute notre terre, et le soleil son bienfaiteur, s'éveillent aux cris des arts, de l'industrie, du commerce et de l'agriculture.

Quelques hommes cependant se séparent encore de cet élan progressif, universel. Placés au néant de l'utilité réelle, ils osent avec insulte et hauteur, considérer au front un citoyen probe et laborieux; ils osent même conserver la vanité de se croire quelque chose; tandis que la raison la plus indulgente, trouve à peine une place pour les amonceler, au-dessous du passif des utilités frivoles. C'est ici que la Hollande, la Belgique, la Suisse, l'Angleterre, ont sur une grande partie de la France, un avantage immense, renaissant, incalculable. Cependant il est encore temps de réparer nos torts à l'égard de la nation. Abordons sans hésiter, avec des forêts d'arbres résineux ces landes immenses du Bordelais, ces terres si appauvries de la Bretagne ; ce Nivernais , ce Bourbonnais quelquefois si repoussants; établissons jusques sous leur ombrage, ou du moins sous leur abri, des pâturages; forçons la Champagne si susceptible d'amélioration à sortir de son inertie agricole ; élevons la Bresse, la Bourgogne, la Lorraine, la Franche-Comté au rang des provinces les plus ingénieusement cultivées. Ce travail s'il paraît aujourd'hui chimérique dans son immensité, n'est pas moins exécutable. Il était digne d'un Napoléon, d'un Charles-Quint, d'un Joseph II.

Travail, Persévérance, Industrie ! Divinités protectrices et tutélaires de l'homme ; c'est en écoutant votre voix que la face rude et hérissée de notre globe a été changée; que d'impénétrables forêts ont été converties en champs animés et fertiles; que des marais fangeux ont disparu du sol paternel avec les exhalaisons putrides de la mort. Des fleuves débordés, vagabonds, ont vu leur lit resserré par les siècles et par la faible main de l'homme, tandis que le génie planait dans l'immensité du ciel, sur les plages de l'Océan écumeux, pénétrait dans les entrailles de la terre profonde, pour découvrir ces métaux destinés à faciliter les échanges ou à déchirer le sol avec de moindres sueurs. Alors l'homme, l'homme social s'est courbé sur la terre longtemps couverte d'éboulements, de rochers, de ravins et de forêts, et, à force de soins, de vigilance, de travaux lents et pénibles, il est parvenu à la cultiver, à la rendre fertile, à l'orner, à l'embellir.

Si nous portons ensuite nos regards sur la partie animée d'une exploitation rurale, nous remarquons que les animaux, comme le sol et les plantes, ont également reçus l'empreinte du cachet posé par la main de l'intelligence. En effet, quoique la création ait soumis les différents animaux à un type originel, qui ne s'altère jamais quant à l'espèce, on voit cependant parmi les races, les individus même, une disproportion de taille, de formes, de vigueur, qui, quoique l'ouvrage de ses semblables, surprend l'homme peu familiarisé avec ces écarts de la nature. L'âne ne s'unit à la cavale, le chien à la louve, le chardonneret au serin, que pour produire des mulets stériles; et, si la nature permet à une seule génération de transgresser ses lois; elle arrête aussitôt ces êtres abâtardis et réprouvés, pour les rejeter ensuite dans l'impuissance et le néant. Quant aux variations de taille et de force corporelles, elles se rencontrent à chaque pas, se transmettent, varient avec l'habitation, les soins et la culture.

Comparez le petit cheval de l'île de Corse où d'Islande aux énormes chevaux de la vallée d'Auge et d'Irlande; les vaches de Barbarie à celles d'Ukraine et du canton de Lucerne; le mouton des Ardennes aux béliers Flamands, Souabes, mérinos; les porcs de la Normandie à ceux du duché de Luxembourg ou de la Cochinchine; toute la volaille lorraine à celle du pays de Caux, et vous demeurerez surpris, des formes variées et surtout du développement que peut acquérir la nature organique, lorsqu'elle est secondée par le climat, la nourriture, le discernement de l'homme et ses soins.

Cependant s'il est quelquefois, s'il est même souvent impossible d'élever des animaux de grande taille, soit sur de maigres pâturages, soit sur un sol où la végétation est tardive au printemps, rapidement décroissante à l'automne, soit par la latitude du lieu, soit par l'élévation positive ; il est presque toujours possible d'améliorer les races, en choisissant les animaux chargés de la reproduction dans des provinces mieux favorisées, en diminuant le nombre des individus créés, sans porter atteinte aux fourrages ; en cherchant dans les différents pays, des plantes alimentaires offrant ou une végétation plus rapide, plus vigoureuse, ou, sous un volume moindre, des sucs nutritifs plus abondants ; soit enfin en choisissant, même dans la localité habitée, les individus les plus forts, les plus grands, et surtout, les mieux conformés, pour servir ensuite de moule à la race que l'on veut non-seulement maintenir, mais perfectionner. L'homme, qui façonne la matière inerte des métaux, peut également plier, modifier ses animaux d'après ses volontés et pour son usage.

Suivons dans cette vue, ceux qu'emploie ou que perfectionne l'agriculture.

Le cheval s'élance le premier. Noble, brillant, impétueux, ses yeux lancent l'éclair de l'audace et du désir, sa croupe se relève, ses naseaux fument. Ses pieds semblent moins poser sur le sol pour supporter le poids du corps, que pour fendre l'air d'un élan rapide. Cependant comme nous avons trois usages bien distincts pour l'emploi du cheval, nous aurons aussi trois classes différentes.

La première, celle du cheval de selle, exige toute l'attention et les connaissances de l'éleveur. Sa tête doit être petite, son front large et carré, ses yeux clairs et saillants, l'oreille petite, bien placée, droite en avant mais très mobile. La bouche fraîche, pleine d'écume et médiocrement fendue, peu de ganache ; les barres tranchantes, peu chargées de chairs, mais cependant assez pour ne pas devenir irritables. Le cou d'une longueur proportionnée à celle de tout le corps, mais l'angle que décrit la tête plutôt fermé de quelques dégrés que trop ouvert*. Le garrot tranchant; l'épaule plate, sèche et très profonde; la capacité de la poitrine vaste et prononcée. Le poitrail ouvert sans être large. L'aplomb des membres antérieurs constamment fixe, invariable. Le rein double, nerveux, quoique pliant sous le pincement des doigts; le ventre point pendant, le flanc plein, la côte arrondie. La queue gracieuse et haut placée, les fesses musculeuses et garnies. Le fourreau ample, le fémur proportionné dans sa longueur; le jarret large et très évidé; le canon sec, le nerf très saillant, détaché; le paturon plus long que court; le pied ferme et droit; la corne noire, unie, dure, onctueuse et luisante; sans chanfrein ni balzanes; bai de couleur, brun, ou gris d'acier. Né de parents sans défauts originels, et, ceux-ci même, issus de races estimées.

Les chevaux de carrosse doivent également réunir beaucoup de ces qualités, mais toutes les formes peuvent être moins gracieuses et plus matérielles. Les balzanes, l'étoile, le chanfrein seront moins rigoureusement proscrits, quoique ces marques par la génération aient une propension naturelle à s'étendre. De taille élevée, ils auront cependant le corps rapproché du sol; offriront toujours une masse régulière imposante. Dans ces chevaux, le poitrail sera plus large, le paturon moins long, les membres plus

* Cet angle suit presque constamment l'ouverture de l'angle donné par les os de la machoire inférieure; aussi, connaissant l'un, vous pouvez préjuger l'autre.

Les barres vous indiquent la forme du mors; la mobilité de l'oreille, le caractère; le chanfrein, descendant jusqu'à la lèvre inférieure, un cheval souvent peureux; un fémur trop long, un trot rapide, mais fatiguant pour l'homme, etc., etc.

gros ; enfin, le grand poids du corps est une qualité requise, très utile pour le service auquel ils sont destinés.

Le cheval de labour est, avec le cheval de selle, l'animal le plus utile à la société ; l'un, pour aider l'homme à se loger, à se nourrir ; l'autre, pour l'aider à se défendre. Compagnon docile et courageux de tous ses travaux, l'homme trouve le cheval de labour longtemps debout après le crépuscule, longtemps éveillé avant l'aurore. La capacité de son estomac étant petite relativement à l'espèce de nourriture qu'il prend et à la masse de son corps, il lui faut quelque temps pour se remplir ; mais aussi, après cela, quelle intelligence, quelle patience mêlée d'ardeur ne met-il à ses travaux ? Les caresses l'attirent, les soins le séduisent, et, si la voix impérieuse d'un maître souvent capricieux ou ingrat ne cesse de l'exciter, il s'épuise, tombe et meurt, comme le dit Buffon, pour mieux obéir. Le cheval de labour n'est pas svelte et gracieux comme le cheval de selle ; c'est encore la même ardeur, ce ne sont plus les mêmes formes. Puissant, actif, courageux, tantôt son cou nerveux verse un sillon correct sur une terre nouvellement fertilisée, tantôt la terre tremble au loin, ébranlée sous le poids pesant de ses jarrets nerveux, entraînant avec des efforts répétés de lourdes moissons.

Le cheval de labour doit avoir la tête bien proportionnée, le regard plein de feu, les barres plutôt charnues que tranchantes, l'oreille droite, les crins fournis, le cou gros, court, le garrot tranchant, l'épaule charnue, le bras très musculeux ; le poitrail large, ouvert, le rein double et très court, la croupe belle, arrondie ; les fesses massives, le flanc, plein, la côte ronde, le fourreau protubérant ; les membres gros, secs et courts.

Malgré ces qualités il n'est pas d'animal de ferme, qui

occasionne à son maître plus de dépenses, qui consomme davantage, et dont la mort offre moins de dépouilles. Il semble que la nature, ait ainsi voulu nous forcer à nous occuper activement de sa conservation, en nous intéressant étroitement à son sort. C'est ce qui fait dire aux éleveurs mêmes, qu'un superbe cheval vaut aujourd'hui de l'or; et demain, du fumier. Je doute même, que dans tous les départements de l'Est de la France, il s'y rencontre un seul éleveur de chevaux fins, qui puisse se louer de s'être jeté dans cette partie; la vente n'y est pas assez facile, ni les prix suffisamment élevés.

Au nord de la France nous avons le cheval Ardennais excellent pour la fatigue, très sobre mais peu choisi dans les formes. Ce cheval très précieux dans la pureté de sa race, paraît ne s'allier qu'à reg: et à des chevaux étrangers; car, dès cet instant, il perd son activité, son courage, sa sobriété et jusqu'à ses formes distinctives. Le cheval Morvan, mérite également des louanges, ainsi que le cheval Boulonnais. Le cheval Champenois ne vaut ni le cheval de Brie, ni le Morvan, ni le cheval Ardennais, et cependant, il paraît issu de tous ces chevaux ensemble. Le timonnier Percheron est le plus beau, le plus majestueux, le plus admirable de tous les chevaux de trait; le cheval Breton est également recherché pour la fatigue. Le cheval Lorrain est très caractérisé; sa sobriété pourrait même passer en proverbe: de petite taille, bas de garrot, grêle de membres, sa tête à la première vue paraît difforme, elle ne l'est cependant pas, elle est même belle, si on lui remonte l'oreille davantage, si on la dresse et si on lui ôte le trop de matière qui se trouve à la ganache. Le cheval des Vosges a les défauts de toutes les races condamnées à gravir indéfiniment les montagnes. Le cheval Alsacien est tout-à-fait indigne d'un si beau pays;

enfin le cheval Franc-Comtois, mérite les reproches que l'on fait aux magnifiques carossiers normands, d'avoir plus d'eau que de sang dans les veines.

C'est avec l'amour de la science agricole, que j'ai visité très attentivement et à plusieurs reprises le haras de Rosières. Est-il possible qu'un pareil établissement soit maintenu chez un peuple glorieux de ses progrès et de sa puissance, dans le ridicule, le dangereux état où nous le voyons, et, qu'il constitue en outre la nation en perte de 80,000 fr. chaque année? Les chevaux de tête paraissent et doivent être le rebut de tous les établissements de ce genre. Pas un élève que l'on puisse citer, remarquer avec plaisir, vitesse exceptée. Tête souvent massive, membres grêles, nul aplomb dans l'avant-train, côte plate, flanc creux, tout le corps de l'animal très alongé, juché sur des échasses.

Cet établissement peut cependant devenir utile, mais il faut pour cet effet, que l'on commence par supprimer les 7/8e des juments qui s'y trouvent, qu'on s'efforce de rapprocher constamment de terre le cheval croisé né Lorrain, qui, porte en lui-même une tension naturelle à s'élancer, à se découdre; et que des chevaux Arabes, Andaloux, viennent perfectionner des formes, où des étalons Russes, Polonais, Transilvains, établiront ensuite par leur mélange, cette force musculaire, cette activité, ce courage, cette sobriété surtout, qui sont indispensables sur un sol froid, montueux, alumino-calcaire, très tenace à la culture; près d'une herbe rare, peu fournie, et dans un climat condamné par sa position, son élévation, son voisinage, à plus de sept mois d'hyver.

Le cheval de labour peut s'utiliser dès la troisième année; le cheval fin est cinq ans, six ans même, improductif. Les chances de gain, de perte se bornent pour le premier, à celles que présentent les maladies et la santé. Dans le cheval de luxe ou de fantaisie, une tare légère, une tare conventionnelle même, fait tomber la valeur d'un animal de mille écus dans la capitale, seul marché pour le vendre, à six ou sept cents francs; et, comme tout cheval, coûte à l'éleveur au moins 250 fr. par année, il y a pour lui, outre les chances de mortalité, qui dans cet animal détruit tout, perte réelle très sensible. Dans les pays où l'élève des chevaux est, comme dans le Mecklembourg, la Pologne, la Normandie, une nécessité locale, il est tout naturel de se livrer à l'éducation de l'espèce chevaline par spéculation; mais nous, qui n'avons pas jusqu'à ce jour, le même avantage, et qui obtenons des débouchés pour nos grains, nous devons nous occuper de préférence, à faire naître des animaux, en toute circonstance, propres à offrir un produit positif, conversible facilement soit en numéraire, et surtout capable de supporter nos travaux agricoles.

La nature en assignant à chaque contrée les productions qui lui sont propres, détermine en même temps les animaux qui lui sont utiles, profitables ou nécessaires. Les énormes squelettes trouvés en Sibérie, en Irlande, prouvent que d'autres plantes croissaient en même temps dans ces régions pour la pâture de ces animaux. En vain retrouverait-on aujourd'hui, dans les contrées opposées à l'équateur, quelques descendants de ces mêmes races; ils s'y éteindraient, faute de nourriture. Supposez l'axe de la terre différemment incliné, tout se pervertit, se change sur le globe; les plantes équatoriales, les lions, les éléphants, deviennent des productions de la Lorraine; le pole arctique se couvre d'épis pressés et jaunissants, tandis que le grand banc de Terre-neuve, se place sous la région éternellement glacée*.

L'homme, avec ses deux faibles bras, peut cependant beaucoup sur les productions de la nature. Du temps de Jules César, la vigne prospérait à regret, même dans les parties les plus méridionales des Gaules, tandis qu'elle se plait aujourd'hui, jusqu'aux confins nord-est de cette République.

La terre a cependant dû se refroidir du centre à la circonférence depuis près de vingt siècles. Mais, c'est que l'homme, en abattant des forêts innombrables, en encaissant les marais, en maîtrisant les étangs, en favorisant l'écoulement vers la mer des fleuves et des rivières, a considérablement diminué l'ombre fatale, l'évaporation diurne et annuelle. Il a ainsi établi une nouvelle statique entre le climat et les végétaux ; il a donc réchauffé par ces seuls faits, amélioré même le sol sur lequel il existe, tandis que d'un autre côté, il lui enlevait de génération en génération quelques-unes de ses parties fertilisantes. Sans parler de Paris, de Metz, de Cologne, de Trèves etc, etc., villes très anciennement habitées, où cette décroissance de fertilité locale devient saisissable, malgré l'entassement et le cumul des débris végé-

* Souvent rien de plus facile que d'accorder la Genèse avec la philosophie et l'histoire intérieure du globe ; en voici encore une preuve : « *rupti sunt omnes fontes abyssi magnœ, et cataractœ cœli apertœ sunt.* » Voilà comme le déluge a pu et du se faire, non avec les seules pluies du ciel, mais avec les sources de l'abyme et les cataractes. Olbers va beaucoup plus loin, puisqu'il calcule un déluge dans quelque 4,000,000 d'années! et qu'il prouve, que les eaux de l'Océan se précipiteront alors sur la terre d'une hauteur de 15,000 pieds, c'est-à-dire, précisément de la hauteur de la *Jungfrau,* qui est la plus haute montagne calcaire de l'Europe.

Je fais par deux motifs très-différents, ce rapprochement, qui a quelque chose de bien remarquable. La critique et l'étude peuvent, ici, également s'exercer.

taux, animaux, et des fumiers y transportés depuis des siècles; on peut dans le Toulois même, connaître que les environs de cette ville sont plus usés, que le sol en est plus attenué, trituré, dénudé, qu'à quelques lieues de là; soit aux environs de Vézelise; et Jaillon, ancienne position hyvernale des Romains, en donne la même preuve.

Si quelques hommes consomment plus de nourriture que d'autres, sous l'influence du climat ou de leur organisation, tous les animaux partagent des besoins semblables. Ne voyons-nous pas, que si certains animaux sont herbivores, granivores, carnivores, c'est que leur estomac, leurs intestins ont une ampleur, une longueur surtout, qui nécessite tantôt cette différence de volume, tantôt cette différence matérielle de nourriture? L'âne consomme moins qu'un cheval de même taille, quoique leur structure intérieure et apparente soit la même; un bœuf consommera quelquefois plus de fourrage que son compagnon, et, fera cependant moins de travail, surtout, s'il a l'épine du dos tranchante, les cuisses plates, les cornes vertes, le cuir épais et dur; en un mot s'il est mal conformé.

Le cheval déjà si impérieux sur la qualité et la quantité de sa nourriture, offre donc une dépense supplémentaire très étendue dans l'écurie d'une grande exploitation rurale, si l'on n'est attentif à corriger les défauts de conformation, que peuvent apporter en naissant, tous les poulains élèves. On est même conduit sur 1095 repas par animal chaque année, à faire une perte ruineuse, ou du moins, très étendue; car, si je suppose deux chevaux capables de traîner, chacun, sur des terres boueuses et pendant 7 heures en hyver; sur des terres pulvérisées et pendant 10 heures en été, 125 kilogrammes de tension inflexible, et que l'un de ces animaux soit bien conformé (rein court, flanc rond, jarret large) l'autre, mal conformé ; (rein long, flanc creux, jambes élevées) nul doute que l'un, avec une maigreur visible, consommera au moins un kilogramme de plus par repas, ce qui, en supposant moitié foin, valeur appréciée, et moitié paille, valeur portée seulement aux comptes de l'exploitation pour mémoire, (quoique la paille pour un fermier qui pourrait avec elle alimenter d'autres animaux productifs, au moins en croît, ait également sa valeur positive); nous verrons que 547 kilogrammes de foin par cheval représentent une valeur annuelle de 25 f. — pour 10 chevaux 250 f. — sur un bail ordinairement de 9 années 2250 f. — avec les intérêts partiels cumulés, chose que ne doit jamais oublier un fermier, au-delà de 2800 f. Car il n'y a plus rien à porter ici au compte des fumiers, puisque ceux-ci sont supposés ne compenser que la paille, qui, n'est pas comptée. Encore cette perte de fourrage est-elle loin de pallier à tout, puisqu'un animal bien conformé est infiniment moins soumis aux maladies, à un repos forcé, qu'un animal d'une conformation vicieuse, et, qu'il arrive souvent au temps des rentrées, et surtout des semailles, que le travail des animaux de trait devient presque inappréciable, non-seulement par la perte du travail propre à cet animal, mais parce que les autres chevaux, déjà surchargés d'ouvrage, sont encore contraints de faire la besogne supplémentaire de l'animal mis au repos, ce qui souvent, les rend maladifs ou les tue.

Après le cheval, la vache et le taureau sont les animaux les plus importants de la ferme. Le taureau doit avoir la tête petite quoique proportionnée à la masse de son corps, les cornes courtes et noires, le regard terrible, le mufle gros, l'oreille inclinée et velue, le cou massif, le corps très long, le fanon pendant ; le bras, le jarret gros ; le ventre rond sans être pansard ni pendant, le rein double, large et très plat, les hanches les plus distantes possibles ; la queue fine, longue et haut placée ; les fesses massives et charnues ; la peau mobile au toucher, grasse étant repliée sous les doigts ; le poil doux et luisant ; les os courts, bas jointés et relativement menus.

La vache laitière doit avoir la tête belle et légère, le regard paisible, les cornes blanches, noires ou marbrées, très fines à leur extrémité ; le cou peu massif, le corps très long, le ventre arrondi sans être pendant et quoique d'une capacité profonde ; les hanches distantes, le rein très plat ; la croisée large, la queue ni basse ni haut placée, très fine ; les membres fins et d'une hauteur proportionnée à celle de la masse du corps ; le cuir souple, doux et très moëlleux ; les vaisseaux lactifères gros et prolongés, les orifices très profonds, le pis souple et nullement charnu, les mamelles très compressibles, d'égale longueur, les lumières bien débouchées.

Comme l'éleveur peut se proposer ou d'amener son bétail à des formes très perfectionnées, ou d'avoir des bêtes de trait, ou de se livrer exclusivement à l'engrais, il doit modifier ses animaux, selon ces vues. Dans le premier cas, son attention doit s'arrêter non-seulement sur les femelles, mais surtout, sur le mâle, qui peut chaque année lui procréer 50 à 60 élèves. Dans ce cas rien ne l'éloigne davantage du but qu'il se propose, que de lésiner sur le prix d'achat d'un magnifique taureau, comme de négliger sa nourriture ; mais comme cet animal peut devenir furieux et le priver ainsi de ses avances, on peut employer dans ce cas, l'anneau passé dans les narines, et usité pour maîtriser les buffles. Ce moyen doit être employé dès le début de la méchanceté prononcée. Le propriétaire aura soin d'étudier les veaux au fur et à mesure de leur naissance, rejetera impitoyablement ceux qui n'auraient pas les qualités voulues, ainsi que les premiers nés, qui, probablement arriveraient à une taille, à des formes moins développées, et dont les descendants, à coup sûr, seraient progressivement plus défectueux, ce qui forcerait ensuite à tout recommencer.

Si l'éleveur se propose des bêtes de trait, il s'occupera moins de la beauté des formes que de la bonne parenté, de la couleur, de l'élévation de la taille et de la race originaire. Il est assez rare qu'un bœuf de couleur pâle soit un bon ouvrier, surtout s'il a le regard paisible, le cuir épais, la queue grosse, peu sensible, les cornes vertes ou lavées.

Ce qui est un défaut dans un bœuf de trait, peut devenir une qualité recherchée dans une race réservée exclusivement à l'engrais. Ainsi, on peut admettre un cuir épais, pourvu qu'il se détache des côtes avec facilité, et, qu'en le roulant sous les doigts, on sente quelque chose de doux et de huileux sous le derme, qui, doit reprendre sa position sans laisser de plis et sans effort. Ainsi l'œil calme, endormi, s'il n'est pas triste et maladif, est une bonne marque ; il en est de même si le dos est très large, très plat, si le jarret a de l'ampleur, si les cornes sont blanches, noires ou marbrées, fines à leur extrémité. Enfin une attention nécessaire, si l'on achète des animaux faits, quoique maigres, c'est de ne pas les choisir dans un pays meilleur pour le sol, les fourrages, l'eau même, que celui dans lequel on se propose de les transporter, à moins, qu'ils n'y soient mis dès leur arrivée en stabulation permanente, et que les drèches, les farineux et les graines huileuses assaisonnées de sel, ne viennent seconder, activer progressivement la nourriture.

Une grande ferme sans bergerie, est présumablement une exploitation mal dirigée*, car il arrive à chaque instant, que l'herbe étant trop courte pour les chevaux et les bêtes à cornes, peut encore être saisie par un troupeau; il y a même des herbes, des racines qui étant rebutées par les vaches, ou perdues par elles dans le sol, sont broutées avidement par les moutons, telles sont les racines de panais sauvages, de tussilage, de chicorée, retournées lors des différents labours; plusieurs fétuques, paturins, le trèfle couché, la petite oseille, le jonc champêtre; la sauge des prés refusée, par tous les animaux. Enfin, il y a des terres si pauvres, que de petits moutons, sont les seuls animaux productifs que l'on y puisse élever. Comme perte diurne de nourriture et d'engrais, ceci paraît avoir peu d'importance, mais comme perte annuelle et surtout comme perte inhérente à la propriété, les conséquences en sont toutes différentes. Une grande attention cependant que l'on doit avoir, c'est de n'augmenter la taille des moutons qu'avec des mères du pays, luttées par des béliers étrangers; car la différence de taille entre ces animaux est énorme, puisqu'il y a des moutons ardennais, qui, à l'âge adulte, ne pèsent que six livres le quartier, tandis que les moutons de la Flandre atteignent jusqu'à trente livres le quartier, outre que les brebis de cette race mettent bas communément et allaitent sans épuisement deux agneaux. Le poids de la toison ne court pas les mêmes chances, puisque celle-

* Cependant sur les terres alumino-calcaires, très-humides, où les renoncules croissent abondamment, le foie des moutons se remplit d'hydatides, et les troupeaux, surtout ceux privés de sel et de soins, périssent en moins de six mois.

ci, fait moins partie de l'animal comme croissance organisée, que comme matière végétale, et ce fait est prouvé, puisque cette toison, continue à croître plusieurs jours même après la mort.

Les filaments de la laine sont implantés dans le derme, comme les plantes le sont dans le sol, et leur développement, est toujours soumis aux parties nutritives fournies par les productions du terrain, l'atmosphère, l'air et le tissu graisseux *, qui, lui-même, est excité par l'alimentation, l'état de santé de l'animal; d'où, des toisons dans la même bergerie quelquefois doubles en pesanteur, quoique prises sur des animaux offrant le même développement, la même surface, le même sexe, le même âge.

Il est plus convenable, dirai-je plus rationnel, d'aider la nature dans son travail d'amélioration, que de la brusquer. En élevant tout-à-coup des moutons de grande taille, il faut que les fourrages soient plus abondants, nutritifs, succulents; encore voit-on souvent dès la première génération, ces animaux se déformer, se découdre. La tête se disproportionne, le cou se renverse et s'amincit, la colonne vertébrale devient arquée ou saillante; le flanc se creuse et s'applatit; les cuisses se décharnent, le ventre s'affaisse et se remplit d'humeurs; les membres postérieurs surtout, s'allongent. En procédant à l'amélioration par gradations, on voit qu'il est temps de s'arrêter quand la nature s'arrête obstinément elle-même, et, si l'on parvient au but avec plus de lenteur, on n'est pas conduit, du moins, à tenter des efforts sans résultat; à regretter des dépenses ruineuses ou superflues.

* Vus sous le microscope, les tissus de la graisse des animaux offrent des différences remarquables. Il y a ici en faveur de l'agriculture, une profonde étude à faire, et, beaucoup à créer.

Je sais qu'une belle race d'animaux a quelque chose de bien flatteur pour un propriétaire, mais outre qu'il faut calculer si le résultat autorise les déboursés, n'est-il pas évident que le chêne de la vallée aura une croissance plus rapide, un développement final plus étendu que celui de la montagne, et, qu'il viendra même une certaine hauteur où, malgré tous vos efforts, celui-ci ne pourra plus ni croître, ni se développer. Les poissons souterrains et thermaux dont l'existence n'est aujourd'hui plus douteuse ne pourraient pas mieux vivre dans nos rivières pendant plusieurs mois glacées, que les moutons de la Flandre sur les jachères épuisées ou sur les biens communaux soumis au parcours.

Cependant je suis très éloigné d'avancer que nos races de bêtes à laine sont aujourd'hui ce qu'elles peuvent devenir. Ne voyons-nous pas la Hollande, acheter des vaches laitières dans le Holstein, et les conduire, les améliorer, les perfectionner en quelque manière, dans ses pâturages ? Chez nous le bœuf du Maine, du Poitou, du Cotentin ne reçoit-il pas entre Lisieux et Troarn, un développement secondaire, que l'on ne pouvait, huit mois avant cette migration, supposer? Pourquoi ne tenterions-nous pas pour nos troupeaux les mêmes efforts, quoique très modifiés, sur nos terres sèches et pierreuses ? La taille est l'obtention la plus difficile, mais la laine dans son poids, sa longueur, sa finesse, son élasticité, sa qualité nerveuse, peut suivre entre nos mains, une foule de degrés améliorateurs, si la perfection nous est définitivement refusée. La longueur de la laine Flandrine et la finesse des toisons mérinos sont deux qualités qui paraissent se combattre, sinon s'exclure; reste à savoir celle qui dans ce pays nous sera le plus réellement profitable, celle à laquelle nous devrons par la suite positivement nous tenir? Nous avons, ici, sur l'Angleterre, trois désavantages très marqués : des loups, pas de clôtures, un climat sec, changeant brusquement de température et s'alliant à des hyvers très longs et souvent très rigoureux ; nous avons en outre, en Allemagne, des voisins qui possèdent de vastes étendues de terres à très bon compte, qui ne paient, par individu, que le tiers de nos impôts, et qui font tomber le prix de nos laines, malgré l'entrée de 5 fr. 50 c. Supposant leur sol au tiers de la valeur qu'il atteint en France, réduisant à moitié leurs frais d'exploitation rurale, tenant compte des $^{6}/_{19}$e d'impôts endurés par les deux peuples, notre industrie agricole demandera longtemps encore en vain l'exclusion d'une foule de troupeaux, versés annuellement, par l'Allemagne, sur notre territoire. Car, tant que nos cultivateurs ne trouveront pas dans le débit avantageux de leurs laines, de leurs animaux, non-seulement la rentrée de leurs avances, mais aussi le bénéfice net annuel, que tout homme actif a droit d'attendre en retour de son capital, de ses soins, de son industrie ; on élevera peu de troupeaux, on soignera peu les races de bêtes à laine, et, l'on fertilisera moins la terre, qu'elle ne devrait l'être avec leur secours.

Quant au poids relatif des toisons, la finesse de la laine, nous pouvons obtenir avec notre climat, des connaissances et des soins, des qualités tout aussi supérieures que nos voisins ; mais il est assez remarquable que lors que cette finesse, s'obtient, la qualité de la chair, pour les mérinos et surtout pendant l'été, diminue. Il faudrait donc, que certaines plantes aromatiques, beaucoup de sel concédé par le fisc au prix de revient, vinssent aider l'éleveur dans ses efforts si pénibles, si souvent mêlés de mécomptes. Car, outre que par ces moyens on parviendrait à subvenir aux besoins du pays, on aurait encore des fumiers plus actifs, plus fertilisants, d'où, plus de récoltes*.

Quant à l'élasticité, la qualité nerveuse, c'est d'elles que dépendent la durée de nos draps et des tissus fabriqués ; enfin, c'est par elles, que nos industriels peuvent retenir une supériorité de travail incontestée. L'une se connaît, en comprimant dans la main une certaine quantité de laine qui, doit reprendre son premier volume, aussitôt les doigts ouverts ; l'autre, par l'effort de torsion ou de tension nécessaire pour rompre un certain nombre de filaments de finesse relative. L'une et l'autre sont subordonnées à l'abondance, à la qualité de la nourriture, à la santé des bêtes à laine, au sol, aux fourrages salés employés, enfin à la qualité, à la pureté, à la masse de l'air circulant qui aura frappé dans les bergeries, pendant le cours de l'année, tout le corps de l'animal.

L'élève des porcs est aussi une branche d'industrie agricole, qui ne doit pas être rejetée. Là où il y a de grandes laiteries comme dans le Veurnhambacht, la Hollande, etc., c'est une partie très productive, puisque sans elle, on ne pourrait l'utiliser qu'en convertissant, quelquefois avec perte, tout le lait en fromages**. D'ailleurs, ces animaux ont une croissance tellement rapide, présentent une génération si nombreuse en individus, ont si peu d'abattis relativement à leur corpulence, sont si peu difficiles sur le choix de leur nourriture, présentent

* L'importation pour les années 1846 et 1847 réunies, a été de 12,000,000 d'hectolitres de froment; valeur 415,000,000 de francs!....

** Le beurre peut s'exporter au loin, et se garder même pendant plusieurs années; les Hollandais le savent et en profitent. Nos salaisons également sont moins perfectionnées que celles de la Hollande. Pourquoi? L'extrême propreté, les soins donnés à leurs pêcheries, ne sont certes pas ici pour peu de chose.

une ressource tellement prolongée pour les gens de la campagne et toutes les pauvres familles, qu'on ne saurait y donner trop d'attention et d'encouragements.

Le porc tel que je le conçois doit avoir la tête prolongée, l'oreille tombante et très large, l'œil brillant de santé, l'épaule charnue, le corps long et cylindrique dans la jeunesse*, le dos plat et large, le jarret gros, les membres menus et courts; les soies très fines, ce qui annonce une domesticité reculée, rebroussées sur la fin de l'échinée.

Une nombreuse basse cour est une chose utile et profitable à la campagne, surtout si l'on peut par habitude et par la localité, lui donner des soins, sans exposer les grains trop rapprochés à ses ravages; mais il faut que les écuries, les granges ne puissent être envahies; qu'on ait à sa proximité de nombreux fumiers, une verminière artificielle, quelques herbages, un filet d'eau limpide etc.

Maintenant que nous avons jeté un coup d'œil sur la partie animée d'une exploitation, faisons la part et la nourriture des animaux. Quelle que soit l'étendue de la propriété, quelle que soit sa fertilité naturelle, on doit y consacrer la moitié du sol pour l'entretien, le croît des animaux et la production des fumiers. Cependant qu'on ne suppose pas que cette partie de la ferme pour cela soit improductive. En effet tous les animaux bien dirigés doivent être productifs: les chevaux, les bœufs de trait, en travail; les vaches en lait, crême, beurre, fromages, veaux de boucherie, veaux élevés; les brebis en croît, laine et agneaux; les porcs en abattis et chair salées**, et, tous ensemble; en fumiers destinés à créer

* Les pansards trompent le boucher le plus expérimenté de 5 à 6 p. %.

** Le département de la Meurthe sale annuellement 100,000 porcs: on n'employait que 10 liv: de sel, quantité bien insuffisante; aujourd'hui on en une fertilité factice ou à maintenir du moins la fertilité soit naturelle, soit acquise. Mais pour que cette production, tous frais déduits et prélevés, soit conversible avec profit en argent, il faut que tous les animaux, dont il vaut mieux au besoin restreindre le nombre, soient abondamment et largement nourris, quoique avec ordre et sans gaspillage, ce qui serait détruire improductivement une chose longuement et productivement, créée; car, toute nourriture offerte par l'homme à ses animaux d'exploitation rurale, se sépare en deux parties : la première, subvient passivement au maintien de la vie animale, et l'autre, seule productive et conversible avec profit en argent, est destinée à se traduire en force musculaire de traction, épuisable; en fœtus, en croît, en laine, en suif, en chair modifiable*, comme on le reconnaît dans la pratique.

C'est ici surtout, que les différentes plantes agissent selon leur nature et la localité : mais toutes ne réunissent pas sous un même volume, les mêmes qualités nutritives. La même plante au contraire contient, sous un volume égal, plus ou moins de parties assimilatrices selon le climat, le terrain, l'exposition et la maturité plus ou moins avancée ou dépassée. Je prendrai pour exemple le raygras, recherché avant son extrême maturité par la plupart des animaux. Il est certain que ce gramen contient plus de parties nutritives sous un même volume, une

emploie 15 ou 18. Le fisc perdra donc peu de chose : quand comprendra-t-il également que par l'impôt sur les boissons, il tue la première de nos industries, celle qui fait donner les plus riches produits à des coteaux pierreux, escarpés, qui, sans elle, se couvriraient de quelques rares genévriers improductifs et incultes.

* Ceci est tellement positif, que la chair d'une vieille brebis maigre, est dure et coriace ; tandis que cette même brebis encore de quelques mois plus âgée, se transforme en chair mangeable et nourrissante après l'engrais.

maturité égale, à quelques lieues de Douvres qu'à Pont-l'Evêque; près de Pont-l'Évêque qu'à Roville. On peut faire la même distinction pour les plantes qui croissent au pied des Alpes ou sur les versants de ces montagnes, à 12 ou 1500 mètres d'élévation positive ; malgré qu'ici, la verdure paraisse succéder presque spontanément aux neiges, ce qui, devrait faire supposer, un développement très aqueux; mais la nature sait se modifier sans cesse. Voilà pourquoi les mules de Portugal et d'Espagne prennent tant d'embonpoint en Février, Mars, et au commencement d'Avril, pour redevenir chétives créatures bientôt après, tandis que la paille, l'orge de ces deux pays, retiennent tant de parties nutritives ; mais, c'est qu'alors, la quantité de nourriture est trop restreinte, pour dépasser les besoins de la vie organique et la déperdition qu'occasionnent les travaux auxquels on soumet l'animal.

Nous réunissons rarement dans nos contrées pour nos vignes, nos grains et nos fourrages*, quantité et qualité ; tandis qu'on peut en quelque sorte préjuger, qu'avec des blés d'hyver gelés, on aura des légumes, de l'orge, de l'avoine en abondance ; comme si la nature, ne voulait effrayer l'homme sur sa subsistance, que pour mieux l'exciter au travail. Cependant si la population d'un pays est trop élevée, si les animaux d'une ferme sont trop nombreux, il y aura disette, à moins que l'industrie, ne sache avec d'utiles prévoyances, une opiniâtre travail, venir activement au secours.

Nul doute qu'en donnant par dégrés des cultures insensiblement plus profondes; qu'en ménageant un écou-

* Beaucoup de regain, mauvais vin. 1834 fit cependant exception à la régle.

lement régulier aux pluies hyvernales, dans plusieurs localités si meurtrières ; en inclinant vers le couchant d'hyver des terres jusques là orientées ; en bombant les champs à ensemencer, de manière à offrir sur le même sol plus de prise à l'air ambiant ; qu'en faisant succéder des fourrages améliorateurs à des récoltes épuisantes ; en faisant produire, tantôt le sous-sol conjointement avec la surface labourée, tantôt cette dernière exclusivement ; qu'en sollicitant la terre à donner dès l'automne une récolte supplémentaire pour les animaux, en convertissant en engrais toutes les matières à très bas prix, putres ou fermentescibles, on ne parvienne à substanter, à nourrir, avec l'aisance qui seule constitue le bien-être, un plus grand nombre d'hommes, et tous les animaux qui sont utiles ou nécessaires.

Je dis selon les localités, car sans parler de la vigne, du maïs, de l'olivier, du riz, les plantes ont toutes une végétation soumise à l'obliquité des rayons solaires, à l'approche ou à l'éloignement de l'Océan, à l'humidité locale, à la hauteur physique et ne conservent pas toujours ni la même utilité, ni les mêmes propriétés, ni les mêmes sucs nutritifs, ni la même saveur. Qui ne sait que les pommiers à cidre de la Normandie, du canton de Zug, transportés en Portugal, en Suède, y languissent ainsi que leurs fruits, que ceux-ci n'y ont plus la même vertu, la même saveur ; que les rayonnements plus rapides de la lumière sur les bords de la mer-rouge et du Bosphore ont même sur les parfums de la rose une influence incontestée ? Ce n'est pas tout : pourquoi le beurre de la Lorraine n'a-t-il ni le même goût, ni les mêmes propriétés que le beurre d'Ypres ou de Dixmude, et, si l'on récuse ici la manipulation plus ou moins perfectionnée, pourquoi le mouton, paissant à quelques lieues de là, sous les remparts de Nieuport, est-il positivement meilleur que celui qui s'engraisse dans le pays même, et à quelques myriamètres seulement dans l'intérieur des terres? Pourquoi les vaches natives du Holstein, ont-elles entre Clèves et Arnheim une quantité de lait presque doublée ? Pourquoi les fromages confectionnés par les mêmes individus, produits par le lait des mêmes animaux aux environs de Unterséen, ne sont-ils plus de la même recherche que ceux fabriqués quelques mois auparavant dans la montagne ? Pourquoi le blé de la Flandre offre-t-il plus de parties nutritives que le froment de l'Artois, qui lui est limitrophe ? Pourquoi la paille destinée dans les deux tiers de l'Europe à la nourriture des animaux, offre-t-elle, ici, une substance dure, un chaume creux, et, à quelque distance plus méridionale, une tige remplie de moëlle douce, nourrissante et sucrée ? C'est que dans tous ces cas, il y a l'influence de l'humidité, de la lumière, du sol, pour tels ou tels objets plus ou moins favorisés.

L'homme obtient beaucoup de la nature ; il peut la modifier souvent, mais il ne saurait la changer à son gré. Il transportera des graines de lin de Riga avec succès en Belgique ; semera du chanvre de Piémont dans les départements de l'Isère et du Puy-de-Dôme ; du blé de Pologne en Lorraine ; établira des mérinos dans la Brie ; des vaches des bords de la Charente en Gatinais ; mais il acclimaterait difficilement les seps du Bordelais au-delà de Beauvais ; les buffles des marais Pontins dans les landes de Gascogne ; et, tandis que l'oiseau du Phase, la rhubarbe de Tartarie, les chèvres du Thibet, peuvent se développer encore sous le ciel bas et brumeux de l'Angleterre, il ferait de vains, d'inutiles efforts, pour enrichir notre patrie du coton, du café, de l'indigo, de la canne à sucre, qu'il faut laisser avec ses épiceries, ses parfums, ses bois profondément nuancés aux régions tropicales.

Les plantes du nord s'avancent, vers le midi, lentement et avec les siècles; les plantes du midi ne s'acclimatent chez nous, que lorsque certaines circonstances favorisent leur reprise. Aujourd'hui, c'est l'Amérique méridionale, la Chine, le Japon, l'Océanie surtout, que l'on devrait interroger. Il doit y avoir, là, de précieuses conquêtes agricoles à tenter, et la terre les indique à nos travaux; car, quoique puissante, féconde et généreuse, elle vient de nous avertir, par trois années successives d'affliction et de maladie, que la pomme-de-terre, cette dernière et extrême ressource du pauvre, pourrait échapper, même à ses efforts.

Que le gouvernement ne s'endorme donc pas sur nos besoins futurs, et qu'il ne voie au contraire, dans deux années d'abondantes productions, que la nature vient de confier à son intelligence et à tous ses devoirs, que deux leviers supplémentaires pour fertiliser avec plus de soins notre industrie, nos champs paternels, et, encourager nos récoltes. Qu'il ne perde surtout pas de vue, qu'il a 36,000,000 de Français à protéger, à nourrir; et qu'il serait hideux et plus que jamais terrible, de voir le fantôme de ce grand peuple se dresser maigre et décharné devant son administration ignorante ou coupable, pour lui crier, comme en 1846; pour lui crier : J'AI FAIM !

www.ingramcontent.com/pod-product-compliance
Ingram Content Group UK Ltd.
Pitfield, Milton Keynes, MK11 3LW, UK
UKHW020938180726
13838UKWH00003B/1010